浙江省示范教材

服装表演编导

俞晓康　张丽丽　编著

中国纺织出版社

内 容 提 要

本书是浙江省高职高专服装表演专业省示范建设的规划教材之一，内容涵盖服装表演编导工作的各个环节。对编导素养，演出项目接洽，演出前期、中期、后期的准备，创建舞台环境，模特的选择和造型，排练及演出，演出收尾等环节做了详尽的阐述。

本书秉承高职高专教学岗位对接、能力本位的特点，以编导的实际工作任务流程为主线，内容全面、图文并茂、注重实践和操作，既可作为高职高专服装表演编导类课程的授课教材，又可作为服装表演相关从业人员的参考用书。

图书在版编目（CIP）数据

服装表演编导 / 俞晓康，张丽丽编著 . —北京：中国纺织出版社，2012.7 （2024.1重印）

浙江省示范教材

ISBN 978-7-5064-8534-0

Ⅰ . ①服… Ⅱ . ①俞… ②张… Ⅲ . ①服装表演—导演艺术—高等职业教育—教材 Ⅳ . ① TS942

中国版本图书馆 CIP 数据核字（2012）第 065782 号

策划编辑：秦丹红 责任编辑：范雨昕 责任校对：寇晨晨
责任设计：李 然 责任印制：何 艳

中国纺织出版社出版发行
地址：北京东直门南大街 6 号 邮政编码：100027
邮购电话：010—64168110 传真：010—64168231
http://www.c-textilep.com
北京虎彩文化传播有限公司印刷 各地新华书店经销
2024年1月第3次印刷
开本：787×1092 1/16 印张：7
字数：107 千字 定价：32.00 元

前　言

　　一百多年前，法国巴黎的玛丽·维尔纳小姐披上了一条神奇的围巾，就此拉开了服装表演活动的序幕。服装表演从诞生之初就带有明显的营销属性，成为一种充满魅力的商业促销手段，因此，服装表演活动和其他的舞台表演艺术活动相比较就具有很多与众不同、独有的属性，这些属性势必造成服装表演的独特和特殊。作为服装表演活动的策划和执行者——服装表演编导必须十分熟悉并能灵活运用服装表演的规律，不断呈现新颖又富有成效的服装表演。

　　我国的服装表演出现在 20 世纪 30 年代，随着表演市场的蓬勃发展，为了满足人才的需求，80 年代，国内的高校开始陆续开设服装表演专业，为服装表演行业培养专业的高学历高素质人才。时至今日，高校培养的服装表演专业人才已经遍布行业的各个岗位，并随着行业的细分呈现出更丰富的多样性，模特已不能成为服装表演的代名词，编导在服装表演活动中起到了更加决定性的作用，编导的工作内容和工作方法及原则成为服装表演相关人员必须具备的重要素质，这对于一场成功的服装表演而言是不可或缺的。

　　本书是浙江纺织服装职业技术学院省示范建设项目规划教材，旨在为国内高职高专服装表演编导类课程提供教学用书，希望通过对本书的学习使服装表演专业学生掌握编导的基本理论和方法，让学生具备一定的编导服装表演活动的能力。另外，本书还可作为服装表演活动相关从业人员的参考用书。若本书能对上述人群提供哪怕一点点帮助，编者也会感到十分欣慰。

　　本书由浙江纺织服装职业技术学院俞晓康、张丽丽老师编写，其中，俞晓康老师编写第一章～第五章，张丽丽老师编写第六章～第九章；最终的统稿及统筹工作由两位老师共同完成。

　　本书在编写和出版过程中得到了多方面人士的关心和支持，在此一并表示衷心的感谢！由于水平和能力有限，本书中有不够完善之处，欢迎大家批评指正，此也是本书不断完善的必由之路！

编著者

2012 年 4 月

目 录

第一章　概　述

　　服装表演出现至今已有约150年的历史，作为一种舞台表演形式也有百年历史。虽然和其他舞台艺术门类相比她还十分年轻，但她却并不逊色于任何一种姊妹艺术，她以极强的包容性囊括了几乎各种艺术形式，使这些艺术在服装表演的舞台上和谐融为一体，以展示人类自身的美和人类服饰的美。

在今天，一场服装秀的成功上演需要几十人、几百人，甚至千人的团队紧密配合，那是因为演出系统十分庞大，这是时代发展，科技进步，观众欣赏品味提升所带来的必然结果，简陋的演出已经不再能满足市场的需求。我们在被这类活动震撼和感动的同时又不禁会问——这样大型的活动是如何有条不紊地推进直至最后成功演出的？这其中需要付出如何巨大而又艰辛的劳动？

其实，无论服装表演的规模大小，都绝非个人能力所能企及，那是一个个有机结合的团队协调配合的结果，是集体的汗水与结晶。而使这些团队巧妙融合运作的人，则是我们要讨论的重点：这是一群什么样的人呢？他们需要具备哪些素质和能力？他们的工作包括哪些内容？我们如何能像他们那样出色地完成类似的工作呢？本章将为你一一解答这些问题。

一、服装表演编导的工作职责

这些处在时尚前沿的先锋们有一个职业称谓叫做服装表演编导。服装表演编导有编与导两个责任。在很多艺术形式里这两项工作分属于不同的个人或团队，但是服装表演因为其自身的艺术属性，编导往往是集中在同一个人或团队身上。"编"就是节目编排，包括表演的主题、流程设计、节目排练等；"导"就是节目导演，包括演出各环节、各方面的总体把握，演出质量控制，各部门配合协调等工作。

服装表演编导的工作范围涵盖了整个服装表演的全过程，主要包括前期的项目接洽；中期的表演主题及流程确定、演出形式及内容确定、演出人员确定及安排；中后期的排练及演出过程控制；后期的项目收尾工作等。事无巨细、纷繁复杂，可以说是整台表演的总负责人，甚至可以这样说，一场服装表演的效果如何，在确定编导人选的那一刻就已经决定了。

上述这些工作的具体内容会在本书的后面各章节中详细讲述，这里不再赘述。

二、服装表演编导的职业素养

服装表演编导是优秀的复合型人才。编导的工作是一个系统庞杂的工作，是一场演出的核心领导人员，直接决定了演出的效果甚至成败，重要性不言而喻。对从事该项工作的人而言，要有领导力、决策力、执行力，还要有很高的审美情趣，要熟悉服装表演的内在规律，还要通晓其他艺术形式，如造型设计、音乐、灯光、影视等，要拥有良好的社会资源和行业口碑，很强的社会活动能力，协调、组织、沟通能力等，这些要求设置了很高的准入门槛，因此一位出色的服装表演编导不是任何人、或一朝一夕就可成功的，期间需要经验的积累和辛劳的汗水，而优秀的服装表演编导也是艺术界的骄子，是业界受人追捧的明星（图 1-1）。

优秀的服装表演编导需要在平时不断加强学习锻炼，使自身具备以下的优秀素质。

1. 敏锐的洞察力和良好的悟性

对服装、对模特及其他演职人员有敏锐的洞察力。能迅速捕捉服装的风格、特色及其传递的精神内涵，能准确把握模特的气质特点及优缺点，实现服装与模特两者的完美结合。能

图 1-1

通过短时间接触了解其他演职人员的性格特点及处事风格，以确定能否合作及以何种方式合作。

能较好领悟服装设计师的理念或活动发起方的意图，形成良好的互动沟通，有助于实现设计师或主办方的构想。

能感知表演受众的喜好，根据其审美特点和文化品位设计能使其感到满足的表演主题和流程，唤起其观看激情，达到预期的演出效果。

2. 较高的服装表演专业素养

服装表演编导需要完成的项目都与服装表演息息相关，期间需要运用到专业的服装表演知识这无须多言，关键在专业素养及把握专业内在规律、专业审美等方面必须要高人一等，才可领导众工作人员，甚至行业中知名模特，如果没有一定的专业素养，在工作过程中暴露了自己的专业短板，将会对演出团队失去权威控制力。

3. 通晓姊妹艺术

服装表演是一门复合型艺术表演形式，其无法脱离众多的姊妹艺术而独立存在，必须使她们融为一体。服装表演编导必须通晓这些姊妹艺术，做到用时能信手拈来，又用得恰到好处，为演出增光添彩。另外，了解姊妹艺术规律也能更好地实现与其他专业团队的沟通，为最大化实现自己的艺术构想铺平道路。

4. 观察生活、积累素材、不断提高自身艺术修养

平时要多观察生活，注意收集整理日常生活与艺术生活的体验，发现它们中的感人之处

和闪光点，为自己的艺术创意积累素材，此项工作贵在仔细与坚持，假以时日，必能有所收获。

5. 创意能力

编导都会遇到自己的创意瓶颈，但不断推陈出新则是不变的要求。创意的动力来自于自身，即不能自满，要不断用新的要求来要求自己；创意的灵感来自观察和学习，要善于发现生活中有创意的点滴，一句话、一段旋律、一个情节、一个桥段都是创意的火花，还要吸收其他艺术形式的创意，如话剧，晚会，歌、舞剧，影视剧，音乐会，演唱会等，都可以拿来为我所用。编导的创意能力极其重要，是一个编导的艺术生命力之所在。

6. 成为社会活动家

拥有一身才华而与社会隔绝的人，可能成为画家、诗人这一类的艺术家，但绝不可能成为舞台艺术家。服装表演编导的成功，是以成功的表演作为载体的，这需要社会各方力量的合力。因此服装表演编导要在政府、企业、演员、工作人员、观众间获得支持，社会活动能力必不可少，宣传造势、部门协调、团队协作、社会认可这都需要高超的社会活动技巧，其语言表达、沟通交流、社交礼仪、为人处世等能力均需得到广泛认可。社会活动必不可少，时尚界是一个健忘的行业，一段时间的销声匿迹可能会失去行业地位，这对于成长期的编导打击是毁灭性的。

具备了上述这些能力，你就有了成为一名优秀服装表演编导的可能性。请注意，仅仅是可能性，接下来你要做的就是跟随有经验的编导，观察他们工作，学习他们的经验，然后开始尝试小型的服装表演项目编导或负责大型项目中的一小块内容，不能惧怕犯错，注意积累资源，你会发现成长比你想象中要快，渐渐地编导一些中大型的项目，这时你必须极其认真对待你的每一个项目，因为其中的任何一个都有可能在你不经意间使你声名鹊起，进入优秀的编导行列。

然而这项工作到底意味着什么，应该如何切入，如何具体操作，应该注意些什么，讲到这里你还十分模糊，这些具体问题的方方面面将在后面的各章节中详细论述。

☞ **思考题**

1. 服装表演编导的工作职责有哪些？
2. 你认为一名优秀服装表演编导所具备的众多能力和素质中最重要的是哪一项？你最薄弱的又是哪一项？
3. 收集资料，将一名国际优秀服装表演编导的职业发展历程整理成一篇小文章。

第二章　项目接洽

　　项目接洽阶段是项目启动的初期阶段。一个项目的成功立项，需经过必要的多轮洽谈，与举办方反复商谈合作事宜，在最初的商谈中，作为编导需要尽快从举办方了解具体的内容，以出具针对性的项目计划方案。这样才能加大项目实际合作的可能性，如果总是不能切中要害，项目合作就会有流产的风险。

服装表演编导在项目接洽阶段应该关心哪些问题，应该如何思考，如何制订项目计划，如何做出正确的决定？本章中将详细讲述这些内容。

第一节　项目目标与类型

一、项目目标

名不正则言不顺，项目目标直接表明了项目的指向性，是洽谈得以顺利进行的基础，当项目展现在眼前时，作为编导首先要明确这个项目的目的是什么，才能决定项目的类型，编导和项目发起方在项目目标上达成共识后才可能进行下一步的磋商，也就是要正名，之后的事情才能在正确的方向上开展，如果一开始方向错了或者有偏差，那将失之毫厘，谬之千里。项目目标决定项目采取的类型，根据不同的目标制订不同的类型方案，这是之后工作正确开展的基础。

服装表演项目目标无外乎如下几种情况：

（1）品牌推广，服饰商品展示。

（2）模特人才选拔，设计师选拔。

（3）商业演出，展会、庆典型演出。

这一类的目标都有其明确的类型与之对应，下面进行详细介绍。

二、项目类型

服装表演项目的类型有很多，有我们熟知的发布会、订货会、模特大赛、模特演出等，依照这些项目的功能性、目的性的不同，我们把所有的项目分为三大类：营销型服装表演、竞赛型服装表演和表演型服装表演。

1. 营销型服装表演

营销型服装表演是服装表演最古老的形式，也是其本源形式，是三种类型中所占比例最大的类型。这种类型服装表演的成熟模板可以上溯到 100 年前。现在的纽约时装周、米兰时装周、巴黎时装周等国际知名的时装流行发布盛会都属于这一类型（图 2-1）。

尽管表现形式眩目缤纷，但是这一类的服装表演的本质不容置疑，那就是促销，是以促进服装商品销售为目的的，也就是说，这是一种让人赏心悦目的营销手段。对这样的营销手段理应报以鲜花和最热烈的掌声，她实在是将她的商业本质掩藏得过于巧妙了，人们在接受了商品信息的同时也许根本没有意识到自己的头脑已经被偷偷地征服，华丽的舞台仿佛只有流动的美和艺术，在以后的某个时间这些潜伏在你身体里的介质会突然爆发，你也许还不能意识到这之间的联系，完美的营销模式就已经实现了它的目标。对于消费者而言，这实在是一种莫名的、令人愉悦的享受，实在比上门推销或者电话骚扰强上不知千万倍。

但是，作为一个服装表演编导，你不能像其他消费者一样被这些表象所迷惑，你必须时时抓住本质不放，你的目的是实现上述设想，为观众编织一个梦境，或震撼、或感动，让他

图 2-1

们在身心陶醉中被你种下某种时尚的基因。这一基因就是品牌或设计师创意的时尚构想和服饰理念，你要把这些内容深深地隐藏在表演的过程中，让观众在潜移默化中接受并喜爱上它们，那将是一场完美的服装秀。

所以在营销型服装表演中，你必须认真理解设计师的设计理念，服装的品牌内涵，将这些信息通过你的编导和再创造，再通过模特的表演传递给观众，让观众深刻领悟到某品牌服装的设计精髓，从而产生品牌认同感，形成品牌信任感，进一步建立品牌依赖感。

2. 竞赛型服装表演

竞赛型服装表演是通过服装表演这种竞赛形式，实现某种技能或审美的高劣评判。一般服装表演竞赛涉及的竞赛内容有三大类，一是模特竞赛，二是服饰竞赛，三是人物造型竞赛（图2-2、图 2-3 ）。

近年来火热的 CCTV 模特大赛、新丝路模特大赛等都是大规模的模特赛事，这都是属于模特竞赛的范畴。它们都是通过比赛来完成优秀模特人才的选拔。在比赛中会设置不同的竞赛环节，从天赋、技能、人文、专业素养和综合素质等许多方面来考察参赛模特，最终选拔出其中的佼佼者，为业界输送顶尖的模特人才。

在我国，还有许多不同规模，不同地域范围内的选美大赛，打着"某某仙子"、"某某小姐"的选美大旗，吸引许多年轻人。在国外，选美大赛和模特大赛有着明显的分界线，可谓

图 2-2

图 2-3

井水不犯河水，但是在国内，这两类赛事相互混淆，很难区分，甚至在竞赛环节上都有着几乎相同的设置，最美美女和最好模特，这两个概念在国人心目中大多数时候是可以画上等号的。这也是服装表演业界的一大中国特色。选美大赛到底应不应该划入竞赛型服装表演中不是本书讨论的内容，但是作为一名中国的服装表演编导，选美大赛不可否认是其不可回避的工作任务之一（图2-4）。

图2-4

除了选拔模特，竞赛型服装表演还选拔服装设计师和时尚造型设计师。这类比赛往往是青年设计师展示才华的舞台，比赛通过模特来展示设计师设计的服装或人物整体造型，体现其设计水准，从多个方面考察设计师的综合能力，选拔出优秀的设计师或时尚造型设计师。这类比赛中模特不是竞争的主体，而是他人竞争的载体，模特需要和设计师形成默契，展示设计师的意图，直观实现并美化、升华设计师的艺术构想，完美展现设计师的真实实力。

3. 表演型服装表演

服装表演这一艺术形式本身就极具观赏性，能带给人艺术享受和美的熏陶。因此服装表演也可以脱离商业目的或竞争目的，仅仅是作为一种艺术形式展示在舞台上。我们说，她是有其独立存在的艺术属性的（图2-5）。

这一类的服装表演以突出艺术属性为主旨，往往风格多样，大胆创新，而且可尝试和许多其他艺术表演形式在舞台上合作，如融合舞蹈、乐器演奏、歌剧、舞剧、话剧等，形式多样，令观众耳目一新，叹为观止（图2-6）。

图 2-5

图 2-6

这一类的服装表演以一两个节目形式出现在整场演出中的情况较多，而整场晚会以此为主的情况较少遇到，因此涉及编导的内容相对简单，主要是具体一两个节目的创意和编排，在胜任了前两种类型的编导工作后，这一类型的编导工作将会游刃有余。

在项目洽谈之初，作为服装表演编导一定要明确项目的实质属性，按照上面的分类对号入座，后一步的工作才能有序展开。因为不同的项目类型在接下来的筹备工作中各有所需，需要区别对待，有些甚至是天壤之别，不可混淆。不同类型的项目在接下来的工作中如何对待，在本书后面的内容中会有详细的讲解。

另外，有些项目可能会遇到两种类型同时存在的情况，如既是比赛又是发布会，那就要明确两者中的重点是什么，取重点为主要方向，设计项目时兼顾次要方面。因为这类项目比重较小，排列组合又会出现多种类型，因此本书中不做专门论述。

第二节 项目规模与时间

一、项目规模

主办方对项目规模的预期直接决定了项目进行的核心要素，如地点、时长、演员及工作人员人数、资金预算等，因此确定规模是一件重要的事情，而且确定后不能随意更改。决定项目规模的要素主要是项目预算资金和主办方的项目效益预期，因此，项目规模要从经济学的立场来考虑，在效益和规模中找到平衡点，过小的效益预期和过大的规模搭配显然是不经济的，找到这个临界点可以找到规模的理想边界，这就是实际需要的项目规模的大小。

项目规模决定了资金预算，作为项目发起方特别是企业方，他们希望用最小的成本实现最大化的效益，这是可以理解的，但这不十分现实。尽管如此，编导还是要站在他们的立场上来替他们思考，尽量满足他们的愿望，一味地强调自己的艺术构想不考虑他人的感受往往会造成项目洽谈破裂。当然这样做也不乏成功的案例，但是作为成长期的编导们还是谨慎些为妙。

二、项目时间

项目时间的确定其重要性显而易见。在计划的时间内，要完成项目的所有工作内容，首先时间安排要合理，要尽量充裕，这个充裕的概念是相对于编导个人和所有演职人员而言的，充裕的时间是节目质量的保证，这一点编导要明确，仓促上阵不会有好的舞台效果，我们也不建议编导在同一时间段承接过多的项目，这都将影响项目最终的效果。其次是在时间安排上各个团队可以从容合作，这涉及团队召集和团队配合的工作，有时时间会左右团队的组成，这也是项目质量的保证。

在上述这些内容都明确之后，项目洽谈会变得十分轻松，在相互充分理解的前提下，已经可以建立初步的合作意向。有时项目合同也会在此时签订，如果是这样，我们有理由相信前期的接洽一定非常令人愉快并且你可能是一位很优秀的编导，在业界有良好的口碑。但我们将要设想较为烦琐的情节，因为上述的美好场景不是时时刻刻无处不在。作为编导，这时你应该马上进入下一环节——出具初步项目计划。

第三节 初步项目计划

初步的项目计划是一份较粗线条的纲领性的计划书，它一般不包含具体的项目构思，这样的计划书有如下三大功能。

一、形成时间进程表

以项目的交付时间即活动举办时间为前提，安排各项工作开展的具体时间，这份时间进程表和下文的框架性描述可以部分整合在一份表格中，使人对事项进程一目了然。

二、描绘项目的框架性构成

项目的框架性构成应明确描述以下内容：项目的整体构思、创意概况、项目现场观众参与人数、演职人员人数、服装件数、场地大小、活动的广告宣传计划、媒体（电台、电视台）传播计划等，上述内容结合时间安排写入进程表，如新闻发布会召开时间、演员分派服装时间、集中排练及进场时间、所有人员联排时间等。

三、形成初步预算

根据上述两项内容形成初步预算。预算要考虑到项目的所有方面，演职人员的食、住、行及酬劳估算，场地租赁费用估算，设备租赁费用估算，服饰租赁费用估算，媒体活动经费估算，活动场地布置费用、工作人员酬劳、宴会及接待费用估算等，除去成本估算，还要预留利润空间，最终形成初步预算。这时形成的预算并不精确，但应该尽量准确。

还有一条经验，就是预算可以比实际经费情况略高一点，这样在最后结算时不会突破预算甚至可能还会更便宜，这会比不断追加预算要好得多。另外，在造预算时要考虑两方面的因素，一方面是项目达到预期目标的必要开支，另一方面是项目发起方的承受能力，只考虑项目本身效果而一味扩大开支会导致项目接洽破裂。

在制订预算时要十分谨慎，因为这是十分敏感的环节，稍有不慎就会导致失败。确保预算中的每一笔开支都有合理的解释并且符合市场行情，这会使你赢得良好的信任。

出具上述三项内容共同构成的初步项目计划，应该能帮助你顺利地签下合约。此外，还有一些方法可能会对你产生帮助，比如，在接洽中适当地传递出你曾经完成的成功的项目信息；向发起方简单描述你的项目构想，用你的艺术气质和专业知识使人产生信服感；注意观察，敏锐捕捉发起方隐含的或未形成体系的目标或愿景，一针见血抓住要害等。但上述内容的表达要适度控制，点到即可，不可过度张扬，招致反感。

前期接洽阶段到签订合约为止，之后将进入具体实施阶段，这也是项目的主体阶段，后几章中会详细论述。

☞ 思考题

1. 营销型服装表演在国内的发展概况如何？
2. 假设你是"lala"品牌休闲装秋季发布会的编导，请出具一份发布会的初步项目计划。

第三章　演出准备前期

　　作为编导在项目启动伊始要完成许多前期准备的工作，我们将按照时间或逻辑关系的顺序罗列在下文，并明确这些工作任务的细节及如何选择正确的方式来完成这些工作。

第一节 主题策划

　　作为编导现在让我们把所有的精力都集中于项目本身，项目推进至此有一个困难必须克服，在编导或编导团队中要刮起一场头脑风暴，焦点就是项目的主题创意及其表现形式。主题是一场秀的灵魂（图3-1），可以这么说，它就像是一棵大树的根基，所有的表现形式都好比是繁枝茂叶，无论怎样变换都不能脱离主题这一根基而存在，这就是主题的重要性。它可以使一场秀凝聚成一个整体，给观者呈现一个完整统一的印象而不是华丽但支离破碎，因为它是主旨性质的，因此主体本身绝不能出现任何偏差，否则会把整场秀带到一个错误的方向。

图 3-1

　　主题创意对于营销型和表演型服装表演极其重要，特别是营销型服装表演，它决定了整场秀的内容组织和精神内涵，也决定了整场秀的艺术性与价值成败。竞赛型服装表演也可以创意一个或多个主题，但那样做更具象征意义，对竞赛本身而言不像上述两种类型那么重要。

一、主题策划的规律
　　主题的策划的确是天马行空的艺术创意，但也有一些规律可循。

1. 了解设计师意图

在确定营销型服装表演的主题之前，一定要和服装的设计师进行充分的沟通，必须完全领悟设计师在设计这一系列服装时想要表达的理念、想要传递的时尚构想。站在设计师的角度往前看，就是主题出现的正确方向。

2. 仔细查看服装

有很多编导在一场秀结束了也没能好好看一下服装本身，这是绝对不能鼓励的行为。其实，真正要表达的信息并不在其他地方，而是存在于服装本身。服装陈列室是编导必须要进去待上一段时间的地方，并且要仔细查看每一个服装系列，特别是一个系列中的重点服装。用你的专业知识和眼光去审视，抓住其风格和特色，把看到的第一感受记录下来，这将是你灵感的源泉。这样做的效果有时候特别神奇，因为服装本身会体现风格，表明流派，还能唤出场景，甚至衍生出情节，所以主题可能会清晰地浮现出来，甚至表现方式也会同时涌现（图 3-2）。

图 3-2

3. 调用艺术积累

作为编导艺术积累是一个长期坚持不懈的过程，这里不讲该如何积累，只讲积累的艺术素材该如何调用。主题创意是需要艺术创新的，创新并不是凭空捏造，它是已有素材的一种新的组合形式。具体到创意主题，就是要把服装理念和风格联系到某一因素，这一因素与服装风格和理念间有着内在的联系，而这种联系又是隐晦的，不易察觉的，经过文学修饰后又具诗意及浪漫主义的色彩。而成功建立这样的联系就是编导的高明之处，也就意味着编导要用到自己丰富的艺术经验和生活积累。

另外，主题的策划也是有原则的。

二、主题策划的原则

1. 主题必须与服装风格和表达相一致

在这一方面出现严重错误的情况并不多见，最多也就是不太贴切，但这个一致性，依然是主题策划的第一原则（图3-3）。服装理念是简约，绝不能定巴洛克主题，服装是面向未来的，绝不能定复古主题。这一问题几乎所有的编导都把握得较好，这里不多作说明。

图 3-3

2. 主题必须考虑受众的诉求

主题必须要能被观众所理解，因此主题的设计要有诗意，但绝不能晦涩难懂，甚至不知所云。主题还应该考虑到观众的审美习惯,观众的人员构成、民族构成、年龄层次、文化层次等,这些都是需要考虑的因素。如少数民族或外国观众较多,则要考虑他们的民族习惯、宗教信仰、审美特点等;如青少年或中老年观众较多,则要考虑他们的欣赏习惯,创意的主题要符合他们的情趣诉求。

3. 主题必须考虑环境因素

影响主题创意的外部环境因素有很多,如演出场地、演出季节或节日、演出设备、时事政治等因素。演出场地封闭或半封闭,抑或在开放的室外;演出季节炎热或寒冷或恰逢某个节日;设备高档齐全或简陋;建国建党周年都会影响主题的创意,创意主题时有时也要将这些环境因素考虑在内。

了解了主题创意的规律和原则,接下来列举一些优秀的主题创意供大家参考:私人派对的高跟鞋和鸡尾酒杯;离开城市尽头的仙境;玛格丽太太的小屋;夜上浓妆;炫目的雅皮;月光下的眼睛;幻彩星河;雪域雾凇;上帝的花园。

第二节 时长设计与流程设计

一、时长设计

一场服装表演的时长在原则上最好控制在 30~40 分钟。服装表演在时长上有其特殊性,因为舞台设置的相对固定,同组服装的风格相对一致,模特反复出场,音乐灯光震撼效果过于强烈等,极易使人产生疲劳感,因此,30~40 分钟应为极限,之后的时间如果继续表演将会事倍功半,效率极低,甚至招致观众反感。

从经验来看,编导在时长的决定上最容易受到不同声音的干预,因为许多企业或机构认为时间应该越长越好,这时编导应该一方面解释清楚原因,另一方面坚持上述的时长原则。作为编导自己应该注意,将所有的表演安排在上述时间原则之内,是演出成功的保证。

二、流程设计

服装表演的流程设计就是如何编排服装表演的程序,观众获得观看满足感是程序设定的原则,服装表演不像其他的舞台艺术形式,可以寻求故事情节作为支撑,服装表演重在形式,因此表演的流程设计对于观众的观看体验来说十分重要,如何处理好模特和服装的出场顺序,如何设计合理的低潮与高潮,如何唤起观众的观看欲望和最后满足这一欲望,这都是对编导功力的考验。

1. 流程设计的主要组成部分

(1)开场设计。从观众的观看角度来设想,服装表演的开场一定要达到瞬间抓住观众眼球的效果。因为服装表演的时长有限,不能层层铺进,娓娓道来,它需要在短时间内震撼观众的心灵,需要瞬间集中观众的注意力(图3-4)。

图 3-4

（2）高潮设计。表演的高潮设计可以通过很多途径来实现。比如，增加同时出现的模特人数，较多的人数同时表演可以掀起表演的高潮（图3-5）；丰富音乐和灯光的效果，强有力的音乐和炫目的灯光可以制造出视听感官上的高潮；引出大牌模特，利用大牌模特的人气和表演气场来制造高潮；利用最重量级的一组时装来制造高潮等。

图 3-5

（3）尾声设计。多数服装表演尾声设计就是高潮设计（图3-6）。但也可以设置一个安静祥和空灵的尾声来让观众的激动体验得以平复，达到情绪上升华的效果。另外，推出设计师也是服装表演常用的尾声设计。

图 3-6

2. 流程设计应遵循的原则

（1）设计出高潮与低谷。通常的流程设计我们建议使用"ABA⁺"的原则，"A"代表高潮，"B"代表低谷或平缓，"A⁺"则代表最高潮。这一结论是基于经验和心理学研究得出的，几乎适用于所有的演出项目，当然也适用于服装表演。在表演的所有时间里让观众保持持续兴奋的唤起是不可能做到的，所谓"高潮迭起"就是这个意思，要想获得一浪高过一浪的高潮就必须制造低谷，让观众的情绪得到平复，来迎接更具戏剧化的舞台变化。

通常我们把那些颜色明艳，活泼动感的服装用来出场（图 3-7），配以节奏感强烈的音乐和炫目的舞台灯光，来集中观众在演出开始后的注意力，带动出第一次舞台高潮；接下来用简洁的款式和基础性色彩，配以舒缓的音乐和沉稳的灯光来使观众的眼球得到放松；最后用最庄重大气的服装制造最恢弘磅礴的舞台体验，配合较多人次的同时流动制造出最大的场面和庆典式的结尾，让观众停留在最高的审美空间和最震撼的艺术体验中意犹未尽。

（2）巧妙设置情节。可以为表演设计一些情节来表达服装的内涵。为职业装在舞台上设

图 3-7

置商务情境；为晚装在舞台上设置宴会场景；为休闲运动装在舞台上设置田园或运动场景等（图3-8）。总之，按照服装的功能为其设置一些情节，是流程设计时的一种思路。

图3-8

（3）善用名模。有一些大型的服装表演会请来大牌的模特参与演出，这时要为这些大牌模特特意设置流程，让她们作为表演项目的点睛之笔。通常不宜让她们多轮次出场，避免产生审美疲劳；将表演的重要时间节点留给她们，如最高潮的时间，表演的末尾时间等，利用她们的人气达到表演的高潮。

（4）ending show 时间。在表演结束时安排所有模特亮相并推出设计师，这在很多发布会中是固定的流程，是比较稳妥、容易获得认可的尾声设计。

第三节　表演场地

编导有时要为服装表演选择场地，有时该项工作不是编导负责，如在表演型或竞赛型服装表演中。无论编导是否可决定这一内容，都应该了解服装表演常用场地的特点，从而使服装表演活动和演出的场地相互匹配。

一、室内"T"台

室内"T"台（图 3-9）是服装表演的专用舞台，又称"天桥"，是专业服装表演活动使用的场地。

图 3-9

灯光：好，一般有适合服装表演的专业灯光，能营造丰富的舞台效果。

音响：好，一般配备有专业音响设备。

舞台：好，一般可搭建，能实现舞美构想，能实现专业的舞台调度。

观看：好，观众观看角度丰富，距离近，现场感强烈。

优势：如果灯光音响设备齐全，室内"T"台是各类型服装表演的首选场地。

劣势：观看人数有限。

二、室外"T"台

室外"T"台（图3-10）一般为临时搭建的服装表演专用舞台，以某建筑（如商场）为背景较为常见，是营销型服装表演常用场地。

图3-10

灯光：未知，这样的舞台如果在白天演出，灯光可忽略不计；如果晚上演出配合专业的舞台灯光，则能获得较好的舞台效果。

音响：未知，根据搭建情况而定。

舞台：一般，一般可搭建，舞美效果较差，能实现专业的舞台调度，但模特更衣往往不理想。

观看：一般，观众观看距离不等，现场感较弱，现场不易控制。

优势：可接纳大量观众观看。

劣势：因现场为开放式环境，演出效果极易受到环境影响，观众注意力也不易集中，演出效果较弱。

三、剧院

剧院（图3-11）是承办大型演出活动的地方，进行服装表演特别是表演型服装表演也较为理想。

图3-11

灯光：好，一般配备有专业设计的舞台灯光。

音响：好，有专业设计的舞台音响。

舞台：较好，如条件允许可搭建延伸台，舞美效果较好。

观看：较好，能基本保证观看效果，角度较单一，距离不一，现场感强烈。

优势：剧院总体来说也是服装表演较为理想的场地，其全封闭的环境，专业的灯光音响都是演出效果的硬件保证。如能搭建延伸台则更为理想。

劣势：观看角度较单一，部分观众观看距离较远。

四、酒店多功能厅

高档酒店多功能厅（图3-12）是承办服装表演活动的常见场所，是小型发布会或订货会的常用场地。

灯光：一般，不配备专业灯光，需另外搭建，受场地空间限制，往往不能实现过高的要求。

音响：较好，一般能完成音响设备的搭建。

舞台：较好，可搭建临时"T"台，也可利用酒店已有设施（楼梯、亭台楼阁等），舞美效果较好，但更衣条件不理想。

观看：好，类似室内"T"台。

优势：环境优雅，观众受众精确，利于观看，现场感强烈，表演效果易控制。

劣势：灯光音响设备及技术无法保证，受众少，影响面较窄。

图 3-12

五、体育场馆

体育场馆（图 3-13）一般承办大型商业、群众性或庆典性演出活动，这类场地演出多为表演型。

灯光：较弱，不配备专业灯光，需另外搭建，场地空间太大，灯光效果不明显。

音响：较弱，能完成音响设备的搭建，但场地太大，音响效果难以令人满意。

舞台：较弱，一般不会搭建"T"台，舞美效果差，更衣条件亦不理想，更衣地点距舞台太远，基本不具备更衣条件。

观看：弱，远距离观看，甚至要使用望远镜。

优势：观看人数众多，广告效应明显，社会影响力较大。

劣势：舞台、灯光、音响、观看均无法保证，如室外场馆则受天气影响较大。

图 3-13

六、电视台演播厅

电视台演播厅也可作为服装表演场地，竞赛型服装表演在此举办较多。

灯光：好，配备专业舞台灯光，有专业灯光技术保证。

音响：好，配备专业音响，同样有技术保证。

舞台：好，一般不会搭建"T"台，但舞美效果好。

观看：好，现场可较近距离观看，观众可通过电视观看，更易观察细节，还可通过专业人士的镜头引导观看。

优势：受众范围极广，广告效应明显，社会影响力极大。

劣势：观看无现场感。

七、展览馆厅

展览馆厅（图 3-14）是承办会展类活动的场所，一般营销型服装表演会选择此场地。

灯光：较弱，不配备专业灯光，需另外搭建。

音响：较弱，能完成音响设备的搭建，但环境嘈杂，音响效果难以令人满意。

舞台：一般，可搭建"T"台，但舞美效果差，更衣条件不理想。

观看：较好，观看距离较近，但情绪不宜唤起，易分散注意力。

优势：观看人数较多，广告效应明显。

劣势：现场嘈杂，影响演出效果的因素太多。

图 3-14

八、自然场地

自然场地包括风光自然场地，如舞台本身就是山林、河流畔等（图 3-15）；还包括人文自然场地，如以长城一段作为舞台等。

灯光：不定，不配备专业灯光，需另外搭建，如夜间演出，需设备良好，技术支持到位，但场地周围取电不方便。

音响：一般，能完成专业音响设备的搭建，但环境开放，音响效果无法与封闭环境相比。取电不便。

舞台：有特色，取自然之便利，如台阶、坡度等，舞美效果强，往往直接突出表演的主题，风格明显，特色突出，叫人难忘。更衣条件不理想。

观看：较好，观看距离不定，但现场感强，环境极具感染力。

优势：这类演出造势较大，广告效果明显，社会影响力大，舞台因为真实而气势恢弘，表演贴近自然，如策划得当往往能成为经典演出。

劣势：交通大多不便，受天气影响较大，审批手续较复杂，演出掌控难度大。

上述八大类场地几乎囊括了服装表演经常使用的场所，部分特别小众不在其列，但也与

图 3-15

上述部分场地有共通之处，不再一一列举。

场地可根据其自身优劣自行选择，但要牢牢抓住表演目的，以此为依据来选择场地，场地本身并无高下之分，合适的就是最好的。另外，如场地事先已确定，不能由编导自行选择，那么在演出整体设计规划时要充分考虑到场地特性，发挥场地优势，尽量克服场地的劣势，相信也能取得预期的效果。

思考题

为阿迪达斯 2012 春装系列确定一个主题，并遵循主题原则完成发布会设计，包括流程设计、场地设计等内容，将设计的理念和创意用文字阐述。

第四章 演出准备中后期

　　演出准备中期、后期承接前期工作，具体包括氛围环境设计、打造团队、宣传工作和后勤类工作。下面具体介绍上述工作任务。

第一节　环境设计与布置

如果你认为服装表演编导只需要管理好演出本身那就错了。随着时代的发展，服装表演项目变得越来越专业化和系统化，编导需要考虑的事务也变得更加庞杂，更加具体，例如这一部分将要讲到的——环境设计。环境设计又可理解为氛围设计，包括除了舞台本身之外的场地功能划分，以及外部和内部环境氛围的营造，这是能够使来宾和观众体验到活动的温馨和惬意的一种方式，具体包括以下内容。

一、功能区的划分

根据演出场地的实际情况划分出不同的功能区域。一般要考虑到场地周边可实现以下几个功能：

1. 停车区

停车区的设置最好在场地入口处不远的地方，如果是临时区域，要用可移动的隔离带划分出这一区域，从路口到停车场要有明确的路牌指示，停车场的大小根据场地容量来估算，尽量准备充裕。为了让来宾能够顺利停车并感受到活动氛围，可在停车场设置醒目的活动海报，并配备专人指导停车或待客泊车。停车区最好设置行驶方向的指示牌，避免因车辆行驶方向相反发生拥堵，造成秩序混乱。

2. 自由活动区

在表演场地的大门外面可利用一块区域作为自由活动区，一般可配备简易餐台，放置糕点以及酒水。设置这一区域的目的是让嘉宾在提前到达或中场休息时间有一个交流休闲的区域。

3. 贵宾厅

如果条件允许又有必要，可以单独设置贵宾厅，供 VIP 来宾休息及交流。

4. 评委活动厅

如果是竞赛型服装表演项目，评委活动厅必不可少，因为评委们需要有一个私密的空间商议奖项的评选并达成最终一致的结果。这个空间不必复杂，准备一张可围坐的圆桌或椭圆形会议桌，对应数量的椅子及瓶装水即可。

5. 吸烟区

按照现今的国际惯例，需在自由活动区附近设置隔离的吸烟区域，并带有明确的指示牌。

6. 服装存放室和模特更衣室、化妆室

这三个空间尽量要紧挨着，并且离舞台上、下场口越近越好，最好有条件将三者合为一。有时这个空间也可以因地制宜，临时搭建，要注意保证空间的私密性。内部放置大型活动式衣架，穿衣镜，一定数量的凳子及化妆柜即可。

二、标识系统

整个场地从外围到表演厅需要合理设置一致的、醒目的标示系统，起到路径导航和场地标识的作用。标识系统首先要经过设计，所有标识应统一印有本此活动的 LOGO 或主题名称，在每个分道路口放置写有场地指向的标识，每个区域的入口处放置场地名称标识，标识高度应在 160cm 左右，应该有中英文双语标识。良好的标识系统应具有很好的功能性和艺术性，让来宾在细节处感受到活动的精心策划与准备，提供便利的同时对活动产生信任感及好感。

三、氛围布置

氛围布置和主题立意一定要一致，氛围内部各环节之间也不能有自相矛盾之处，要形成一个有机的整体。

氛围布置有比较传统的形式，如在大门入口放置花篮，安排迎宾礼仪小姐，在楼梯或过道上布置彩色气球及绸带，在舞台前沿放置鲜花等。我们更提倡根据活动的主题来布置氛围，如在中式主题的活动中布置屏风、玉瓷器、古色古香的花架和鲜花、中式的桌椅和茶几、功夫茶具及茶水、古琴音乐现场演奏或播放、现场放置几根檀香等，都能很好地烘托出主题，并且让宾客身临其境，从感官上体验到主题的氛围。

从上述例子可以看出，氛围的布置要尽可能考虑到人的全面感官，包括视、听、嗅、触、味觉，兼顾上述各项感受，将它们紧紧围绕主题有机组合，把宾客包围在一个和谐的主题气场中，氛围布置就算是成功了。

上述几个方面共同构成了活动的外部环境，即硬环境；接下来将要介绍活动软环境的构成，即人员团队构成。

第二节　人员团队

项目从筹备到圆满完成，期间最重要的就是人员团队，所有的演出和组织工作都是由个体或团队来完成的，人的因素起到了决定性的作用。编导在考虑演职人员构成的时候要从以下几个方面入手。

一、人员团队构成的原则

1. 演职人员的熟悉程度

在大多数时候，编导应该选择与自己有过良好合作经验的团队或个人参与项目，这样可以省去很多的沟通环节，让彼此间更熟悉也更有默契。这样做也有风险，那就是项目质量可以保证但是风格上比较难有大的突破。所以应该不定期地尝试崭新的人员组合方式，可以碰撞出创意灵感的火花。

2. 演职人员的专业能力

这是编导选择演出团队的决定因素。专业水准越高的团队，越能呈现出高水平的演出效果，这一点人人都知道。但应该注意，演出效果是各个团队间配合的结果，因此，决定演出效果的往往是最弱团队的水平，所以团队间应该大致处于同一水准，这样合作起来会更加得心应手。经验表明，某一个极其优秀的团队和其他一些平庸的团队合作，最终会被迫降低其水准或不欢而散。因此演职人员的专业能力不是个体越强越好，而是整体越强越好，原则是大家都应该处于同一平均水平线上，而这条水平线要尽量高。

3. 演职人员的风格

个体或团队的风格是相对固定的，演绎某种适合自己的风格会格外得心应手，编导选择人员时应该要尽量考虑到个人或团队风格和项目主题的搭配，以便于呈现出最好的舞台效果。

服装表演的项目有其特殊性，在了解了选择人员团队的原则后，我们接下来看看一场服装表演项目需要配备什么样的人员或团队。

二、人员团队的构成

1. 模特

模特是服装表演的核心演职人员，她们的任务是通过自己的表演展示服装，而所有的外围工作都是为了她们在舞台上更好地展示服装而服务的。因此模特的选择要慎重，做到精益求精。模特的挑选本书后面的章节会专门讲到，这里不详述。

2. 策划团队

协助编导为整场活动策划主题方案，出具全面的实施计划，撰写活动设计文案、脚本文稿及串词。策划宣传方案、环境设计方案，设计 LOGO、广告及媒体发布计划或媒体播出计划。

3. 广告、宣传团队

广告、宣传团队负责为活动拉广告赞助，联系各媒体进行活动的宣传报道，负责制作活动网站及网络宣传，联系活动的播出事宜等。

4. 舞美团队

舞美团队是负责舞台布景整体效果、道具搭建的团队。包括舞台搭建、舞台背景制作、舞台道具制作、现场 LED 大屏幕视频制作、灯光及音响工程摆放搭建等。所有的舞台艺术构想最终都要依靠该团队来实现。

5. 灯光团队

灯光团队是熟悉舞台灯光技术的专业团队，负责搭建舞台灯光，在演出过程中控制灯光达到预期舞台效果。

6. 音乐团队

音乐团队是熟悉音乐创作与制作的专业团队，负责制作表演背景音乐，在演出过程中控制音乐播放配合模特表演。

7. 造型团队

人物造型的专业团队，根据服装风格和诉求创意模特造型，使发型和妆容符合表演主题或更好地烘托服装内涵。

8. 礼仪团队

礼仪团队是从事礼仪接待的团队，负责迎宾，现场礼仪接待，现场嘉宾引导等事宜。

9. 餐饮酒会服务团队

餐饮酒会服务团队负责制作、配送活动参与人员的工作餐，还包括活动结束后酒会或宴会的餐饮服务工作。

10. 主持人

主持人负责整场活动的现场主持工作。

11. 穿衣工

穿衣工负责整理、清点、管理演出服装，帮助模特换装，能根据需要现场改动或修补服饰。

12. 舞台监督

在排练及演出过程中，舞台监督应根据演出进程维持后台秩序，保证模特间正常衔接，控制模特节奏，保证各部门间无缝合作，监督舞台整体效果。

13. 其他工作人员

其他工作人员包括清洁人员，安保人员等。

上述各团队的人员数量根据不同的因素决定，有的要根据衣服的数量和节目时长来决定，如模特、穿衣工的数量；有的要根据模特数量来确定，如舞台监督、造型团队人员的数量；有的要根据现场规模来确定人数，如灯光、舞美、音乐团队人数和其他工作人员人数，有的要根据观众人数来确定，如礼仪人员、安保人员人数。

总之，人员的结构和人数的多少要根据活动的具体要求来构成，合理的人员配备是演出顺利进行的保证。

第三节　宣传造势

进入信息时代后，信息的传播速度和传播模式已经发生了质的变化。作为服装表演编导，需要走在时代的前端，从容应用当今世界的各种传播方式，为我所用。

一、纸质媒体

纸质媒体包括报纸、杂志等。可设计活动的海报或广告发布在纸质媒体上。另外，还可在纸质媒体上进行活动宣传，一定要注重时效性，要多次、分阶段、有计划、有步骤地层层推进报道，以保证读者能及时把握住活动的进程，唤起他们关心活动的兴趣。可以定期召开媒体通报会，邀请纸质媒体的记者到会帮助宣传。纸质媒体的受众面较广，受众文化层次较高，青、中、老年人皆有。

二、广播、电视媒体

可制作视频、音频广告在电视、广播媒体上播放，也可制作宣传片或纪实类电视片播放，也可召开记者招待会，以新闻报道的形式让活动出现在广播、电视的新闻类节目中。和广播电视媒体还可商谈现场直播或录播，将会使活动得到更大限度的传播。广播电视媒体的播出时段比较重要，白天中老年人较多，受众面也较窄，夜间受众面极广，人群分布也较均匀。

三、网络媒体

网络作为新兴的传播媒体拥有极快的传播速度和在年轻人群中极广的传播范围，是当下绝不能轻视的传播手段。对于项目而言，各大门户网站功能类似于纸质或电视媒体，只是它更具即时性，几乎能做到与事件发生同步。网络上更有各大论坛、QQ、博客、微博，与传统媒体的区别在于它们传播方式呈几何扩散式，速度快，范围广，而且能即时得到反馈，是互动式的媒体。网络上也能做到活动的直播，并能将视频上传到各大网站。如果可能还可在网络上制作活动的网站，发布活动的最新动态，这些都能够吸引广大年轻人的眼球。网络媒体宣传成本可控，受众面较广，主要针对青少年及中年人群。

宣传攻势不是铺天盖地，越强越多越好。作为编导要分析项目主要受众，针对受众人群进行宣传，做到有的放矢，才是行之有效的办法。

第四节 餐饮、住宿和交通

完成服装表演项目需要一个较庞大的团队集中工作数天，在这段时间里，需要安排演职人员的餐饮、住宿和交通事宜。

一、餐饮

餐饮主要包括工作餐、接待餐和宴会餐。

工作餐就是工作日在工作现场的简易餐，也就是通常说的"盒饭"。订餐要与餐馆确定送餐时间，要准时，否则会影响工作安排；订工作餐要根据人数考虑餐馆或食堂的承接能力，如果一个餐馆或食堂无法承接，则应该安排多个餐馆同时出餐。订餐要选择正规的餐馆，保证饮食干净卫生；应遵循就近原则，可保证送餐时间。

接待餐为重要来宾来工作现场时准备。

宴会餐主要安排在活动成功举办的当天晚上，带有庆功的性质。人员主要是参与演出的重要演职人员、观众中的重要来宾等。场地可以选择演出场地附近的大型酒店，也可以在演出场地外临时开辟场所作为宴会场所，这时就要安排指定酒店派出餐饮服务人员和酒水食物，另外，这样的宴会以营造轻松舒适的气氛供人交流沟通为主要任务，期间可以安排庆功环节，但不宜以进食为主。

二、住宿

住宿条件高低应根据预算来决定，也要遵循就近原则，省去路途时间，避免途中遇到不可抗因素而耽误时间。事先可考察场地附近多家酒店的住宿条件，选择满意的一家与之达成协议，在活动筹备期间直到结束承接所有人员的住宿事宜。

三、交通

首先要计算好用车数量，除去内部可解决的，其余联系好交通服务公司。本地人员可以根据相同路径原则安排大型车辆接送，地点和时间一定要安排准确。异地的人员要根据不同的工作性质确定接送时间，活动期间安排就近住宿。如果人员构成复杂，团队庞大则有必要配备专门人员跟车接送，负责联系及接送的组织工作。

最难点在于演出当天的接送，由于所有演职人员需要几乎同时到场，而结束后又几乎是同时离场，因此在次序上容易造成混乱，根据经验这也是易引发矛盾的焦点。正式演出当天由于车辆间很难打时间差，所以最好安排比平时多的车辆接送，每辆车的路线及人员配备都要事先设计好，以做到演出结束后不要有人员因为交通原因滞留现场为标准。异地演职人员如果结束时间过晚而又路程较远，可安排继续住宿，第二天送达。

上述几项事宜编导要做详细的规划，因为如果在这几点上出现问题会造成经费增加、浪费，严重的会极大影响项目进程，造成混乱甚至失控的局面。

☞ 思考题

1. 以 3~4 人为一组，为太平鸟品牌 2014 时装发布会完成整体环境设计，出具文案，并用 PPT 汇报。

2. 上述演出要与宁波甬通汽车租赁公司签订交通服务合同，请完成一份正式的合同文本。

第五章 舞台视觉环境创建

　　服装表演编导在项目正式实施阶段首先要考虑的就是创建舞台环境，要创建出一个与项目本身气质相符的舞台环境，这是项目主体工作之一。这一章将详细介绍服装表演舞台环境的创建，舞台环境包括视觉环境创建、听觉环境创建和其他感官环境创建。

舞台视觉环境包括台上和台下两大部分。台上部分包括舞台设计、道具设计、灯光设计；台下部分主要为观众席设计和工作区域设计。这一部分的最后还要简单介绍场地平面图的绘制。

第一节　舞台设计

服装表演的舞台设计主要是表演的"T"台设计，我们知道"T"台是服装表演的专用舞台，因为其舞台一部分向前延伸而使整个舞台呈"T"形而得名（图5-1）。服装表演发展至今，"T"台的形式已经不是简单的"T"字形舞台了，它延伸变化出了多种形式，而各种形式又有其自身的特点，服装表演编导应该了解常见的各种"T"台形式，根据需要来选择符合项目要求的"T"台，也可在掌握了各个"T"台特质之后根据需要创建新的"T"台形式，呈现出有创意的舞台效果。

图 5-1

一、确定舞台大小

在创建舞台之前要先确定舞台的大小，影响舞台大小的因素有以下几点。

1. 场地大小

表演场地的空间决定了舞台大小，确定舞台大小要综合考虑到空间中舞台、观众席、工作区、更衣区的合理设置，特别是观众席位的布局和规模。

2. 时间长短

表演时长也对舞台大小有影响。表演时间长，舞台就应大，因为行走距离长，耗时长；反之舞台就应小。舞台不可一味求大，模特展示服装时间过长会有拖沓感，反而不利。

3. 模特数量

模特数量也对舞台大小有影响。这很容易理解，模特多，舞台就应相应扩大，保证无论在模特流动中或集体亮相时有充分的表演空间（图5-2）。

图 5-2

4. 服装款式

有一些道具复杂，雍容华贵型的服装需要占据很大的舞台空间，多个这样着装的模特同时出现在舞台上的空间也是要考虑到的。

5. 观众观看效果

舞台的大小设计要考虑观众的观看感受，观众的观看角度、距离会影响舞台的大小设计，大小要适中，照顾到各个位置的观众感受为好，不可一味求大而影响观看效果。

二、确定舞台高度

如果是搭建"T"台，"T"台的高度也是需要考虑的。"T"台分为升高和不升高两种，不升高的"T"台在国外较常见，但国内不常用。国内用得较多的是升高后的"T"台。"T"台的高度不是一定的，需要根据现场环境来确定，如果观众席不是阶梯式，而使处于同一平面上，舞台可适当升高保证后排观众的视线，高度控制在0.5~1米之间即可，不可过高，舞台的纵深处可考虑再升高，保证观看视线。如观众席为阶梯式设计（前低后高）则可适当降低舞台高度，甚至考虑不升高舞台（图5-3、图5-4）。

图 5-3

图 5-4

三、选择舞台类型

1. 传统"T"台

这是最经典也是最常用的服装表演舞台形式（图5-5），整个舞台呈英文"T"形。"T"台根据空间分为舞台和伸展台两个部分，舞台位于后端，为横置长方形；伸展台位于前段，为纵置长方形，传统"T"台就是由这两个长方形拼接而成。

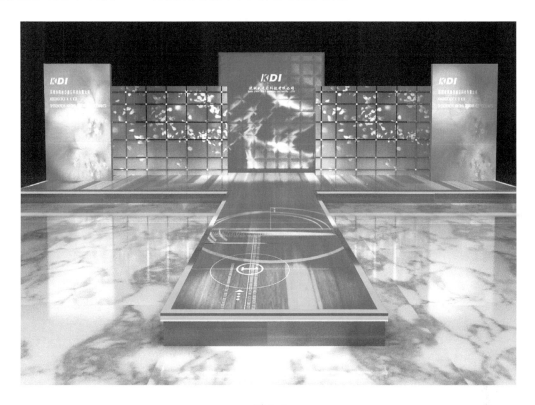

图 5-5

舞台可作模特集体展示或表演时使用，因为距离观众较远，不适合细节及局部的展示，但可营造较大的舞台气势，展示出服装的整体设计、款式的整体效果或者模特的整体感觉；伸展台距离观众很近，模特在上多为运动中展示服装，很具动感，另外，伸展台也可以很好地展示出服装的面料、质地、细节、工艺等微观的信息或者模特的面部及身体细节。

传统"T"台可实现近、中、远的舞台层次，舞台流动感较好，观众与模特的距离近，现场感更强。

2. 传统舞台

传统舞台（图5-6）为表演一般性演出节目而设计，是表演型服装表演常遇到的舞台形式。舞台一般在场地的最末端，与观众席正面相对，呈大面积的长方形，舞台较高，可容纳观众人数多，一般为两到三层观众席。

这类舞台一般有多个上场及下场门，在服装表演的编排上可以实现较为复杂的设计；走台线路没有台型的制约，位置丰富、变化多，整体造型可实现多种创意，可以安排较为大型

图 5-6

图 5-7

的情节场面。

这类舞台因为观众距离较远，失去了展示服装或模特细节的功能，只能呈现一个整体的感官体验，因此这类舞台上模特人数较多，要尽量选择造型夸张、识别度高的服装进行表演。

3. "工"形台和"土"形台

"工"形台（图5-7）顾名思义就是在传统"T"台的伸展台末端处再加上一个横置的长方形舞台，用于模特在舞台前端的横向流动或多人造型。因为加入的横置舞台紧邻正面观众，照顾到了正面观众的观看时长和观看角度，改善了正面观众观看时间短特别是观看角度单一的问题。

"土"形台主要是在伸展台中间加上较短的横置长方形台，目的是可以在突出区域做更长时间多角度的服装展示，也可以利用这一区域实现模特的顺畅交错，还可以实现更多维度的整体造型。

4. "X"形台

"X"形台搭建了两个伸展台，并且相互交叉。多出的一个伸展台可以实现更加复杂的流动路线，也增加了模特在伸展台上的停留时间。"X"形台可以设置两个甚至四个上下场门,因为背景分割较多可以设计较为复杂的背景。

5. 圆形台及方形台

圆形台及方形台(图5-8)都是属于包围式的舞台,模特在台上走的是不重复路线,最大的优势是近距离接触观众的人数多,且中间的空置区域可以作为创意丰富的舞台道具或安排成为观众席。缺点是模特走秀线路不便重复,同一位置观看时间短。

图 5-8

6. "H"形台及其变形

"H"形台由两个平行的伸展台组成,中间用横置过道连接。"H"形台有很多的变化形式,如再增加一条平行伸展台的数量,成为"川"字形舞台;再增加一条横置过道成为"月"字形舞台等。无论是"H"形台还是其丰富的变化形式,都是为了丰富模特在舞台上的流动形式,增加模特的滞留时间。

7. "Y"形台

"Y"形台由一个分叉的伸展台构成,变化后可以实现更多的分叉或正、倒置。它可以使观众席分割出更多的区域,观看角度丰富,展示面更多;还可实现模特流动的分合,实现更多的舞台变化。

8. "Z"形台及其变形

　　"Z"形台（图5-9）就是在"工"形台的基础上将伸展台斜置变化而来，舞台整体呈现不规则的流动，其变化形式为不规则舞台，表现为更多不规则的线路变化和更复杂的拐角角度。"Z"形台及其变形因为不规则而具有更多的现代主义色彩，表达前卫，不墨守成规。但线路复杂造成流动性较差，拐角角度过大模特不易处理，这些都是它的劣势，因此实际使用并不多。

图5-9

舞台造型的选择要综合考虑观众人数、模特人数、服装数量等变量；还要考虑衬托主题的效果；还有成本因素，越是复杂的台搭建成本越大，但效果和投入不一定呈正比。另外，舞台过于复杂会增加模特线路记忆的难度，会加大表演出错的概率，必须增加排练时间。过于复杂的舞台还会造成观众观看的困难，如伸展台数量过多势必造成同时出现的模特数量增加，观众会失去舞台焦点而不知看哪一位模特造成选择困难，舞台观看视线也会受到影响，最后无法完成服装信息的传递。

四、创意舞台背景

舞台背景也可理解为整个服装表演时的背景，它是模特表演时的视觉底环境，也是整个舞台视觉环境的基调，它还将台前与幕后分割开来，实现了功能区的划分（图5-10）。

图 5-10

舞台背景应该基调淡雅、线条图案简洁，这样可以突出模特与服装的主体效果；舞台背景应该立意明确，表达清晰，直接表达出服装表演的主题；舞台背景还应该有明显的宣传效力，应明确表明活动的主办方、承办方、赞助商和服装品牌等信息。舞台背景是整个舞台的设计亮点，服装表演编导应该与舞美设计团队共同创意，审慎对待。

1. 固定式舞台背景

固定式舞台背景（图5-11）就是整场服装表演只使用一个舞台背景。这一舞台背景上可以明确表演的主题，并用醒目的、有艺术创意的方式标写；也可以直接写上服装品牌的LOGO，配以稳定暗雅的底色；如有必要还可在非中央区域写明主办、承办和赞助方。也可加入一些形式简洁，寓意明确的图案或花色来丰富背景，但绝不能过于花哨，避免喧宾夺主。固定式舞台背景可以通过悬挂或粘贴大型喷绘来实现。

图 5-11

2. 活动式舞台背景

活动式舞台背景设计可以实现多个舞台背景间的转换，配合不同系列的服装，丰富舞台效果。活动式舞台背景可以用翻转板、卷帘布和移动板来实现（图 5-12）。

图 5-12

首先可以依据服装的系列来确定活动舞台背景的数量，然后按照固定式舞台背景的设计原则为每个场景单独设计舞台背景，之后安装，实现可灵活撤换即可。

3. 投影式或 LED 点阵式舞台背景

随着计算机技术的广泛应用，当今舞台上传统的背景应用大有被投影式或 LED 点阵式舞台背景所取代的趋势。它们都是在计算机上首先完成视频制作，然后在演出现场播放，并用投影机或 LED 点阵式大屏幕显示出来的舞台背景，它们也可以实现现场画面实时播放，让观众通过摄影机镜头来观看演出，凸显服饰及模特的细节。它们在便捷性上有着传统背景无法比拟的优势，它们可以实现背景的图片或视频动态展示，可以不受限制地转换舞台背景，可以与表演内容更加精确地配合，这些优势都使传统的背景形式渐渐退出了历史舞台（图 5-13）。

图 5-13

它们也不是没有缺点，首先，由于形式开放，它们会造成背景过于绚烂的情况，会分散观众本应集中在模特和服装上的注意力；其次，硬件设备特别是 LED 屏幕设备的租赁加上前期的视频制作费用并不便宜；最后，因为服装表演的时长无法精确控制，所以视频制作的时间无法精确控制，这给视频表达造成了部分障碍。

它们之间也有一些区别，投影画面本身是不能发光的，它是反射投影机的光线成像的，因此在环境光线强烈时成像质量会下降。LED 屏幕本身可发光，成像质量稳定但画面不够细腻，本身发出的光线有时还会干扰舞台灯光效果。LED 屏可实现大小不等的组合显示，制造层次丰富的舞台效果，但同时也更易分散观众的注意力。

现在还有一种无缝衔接显示技术，成像原理类似 LED 屏，但其画面精度远远超出 LED 屏幕，因造价及技术原因还未成为演出市场的主流。

4. 自然景观式舞台背景

自然景观式舞台背景（图 5-14、图 5-15）形式适用于室外演出。可以将大型建筑物作为表演背景，也可以用自然风光作为背景。自然界的山水、花鸟、亭台楼阁都可以拿来作为表演的背景，这一类背景气势博大，意境深远，是虚拟背景不可比拟的。但也有一些问题，比如舞台灯光效果可能不会十分理想，现场音响效果较弱，环境嘈杂，交通不便等。

具体选择哪种舞台背景形式需要编导自行拿捏，每种形式都有自身的优势和缺点，根据演出的规模、风格和预算来通盘考虑，就可以做出正确的舞台背景选择。

图 5-14

图 5-15

第二节　道具设计

舞台道具设计也是舞台视觉设计的一个部分，舞台道具可以分为背景道具和表演道具，它们通常是和舞台背景放在一起通盘考虑的。无论哪种道具都是为了营造主题气氛而存在的，道具要依风格和情境表达来设计，可以烘托舞台氛围和提亮表演特色。好的道具设计可以帮助模特投入情境，使表演更加真实；同时也可以让观众身临其境，忘我地观看演出。

一、背景道具

背景道具是悬挂或放置于舞台空间的实物，起到营造氛围，表达场景，宣扬意境的功能。

1. 实景式背景道具

实景式背景道具（图 5-16）是在舞台上模仿现实的环境场景放置仿真或真实的道具，指

图 5-16

定特殊的表演情境，是一种具像的舞台道具设计思路。它可以使表演被指定在一个具体的情境中，给观众直接表明理解的方向，可以明确清晰地表达立意。

如在舞台上放置假山和亭子模型，让模特在期间穿插，表达自然之美；又如在舞台上放置真实的汽车或摩托车，让模特完成物品的展示表演；展示职业装时在舞台上放置几把办公椅，就可以想象出一个写字楼场景；展示泳装时舞台上放置遮阳伞和沙滩躺椅，一抹夏日的海边沙滩风情马上在舞台上呈现；当代服装表演的实景式道具还把真实的水流设置在舞台中，结合模型道具，更加为观众打造身临其境的感受（图 5-17）。

图 5-17

从上述例子中我们可以看到实景式背景道具指向具体的情境，要根据服装的特点或功能在舞台上设置最具代表性的场景，在营造的场景中完成表演，让观众在现实的想象中接受服装款式、功能和气质的信息。

2. 抽象式背景道具

与实景道具相对应，抽象式背景道具的摆放并不指向某一具体的场景，而是要在舞台上营造一种抽象的氛围，创造一种空间的意念，是一种模糊的、不清晰的、似是而非的存在感，在一个朦胧的意识流中激发观众的艺术想象力，贯穿整个服装表演的观看过程。

例如，在伸展台和舞台上悬挂和摆放粗细长短不一的白色柱状道具，打造一种纯净空灵的舞台风格，模特身着飘逸面料白色系列的服装在期间流转，配合光影变化，实在是美轮美奂。再如在舞台上无规律悬置形状各异的镜子，将场光熄灭，用追光打在模特身上，模特身着黑色的瘦身晚礼服，行进间光线通过镜面折返，实现时而昏暗时而璀璨的视觉效果，神秘而又夺目。

这样的视觉体验很难去具体描述出它到底表达了什么，因此拥有更加广阔的想象空间，观看体验可以在美感上一致认同，但在理解上因人而异，这很适合选择用来表达那些创意型服装或者复杂气质服装的精神世界。

二、表演道具

表演道具就是模特在服装表演过程中使用的道具，这一类道具是为表演服务的，在舞台上运动性强，使用灵活，是表演视觉设计的点睛之处。

1. 扇子

扇子是服装表演舞台上常用的道具，中西服装展示皆可使用，有折扇、圆扇等，材质上以羽毛、布艺、绢绸较为常见。主要用来表达恬静、淑雅、高贵、端庄的服装气质（图5-18）。

图 5-18

2. 运动器械

运动器械包括球拍、小哑铃、滑水板等，可做模仿的挥拍动作或推举动作，为展示运动服装常用的道具。

3. 包

服装表演中包的运用十分常见，主要用来配合晚装或休闲装使用。晚装展示中用的多是精致的手包或小包，真皮或亮片材质，挎在手腕处或轻提着，更显高贵、妩媚；休闲装常用较大尺寸的包，真皮或编织、布艺材质，任意提或挎、搭，气质上轻松随意、动感率真（图5-19、图5-20）。

图 5-19

图 5-20

4. 眼镜

眼镜分为学生镜和墨镜。学生镜可以搭配学院风的时装使用；墨镜则可以搭配休闲装，但在表达上有距离感，适合冷峻风格的模特或服装（图 5-21）。

图 5-21

5. 文件夹、手机或计算机

这类道具多用于职业装展示上，突出商业人士的着装气质和这类服装的职业功能。

道具的使用要以提升演出效果为前提，不可生搬硬套，画蛇添足；还要结合舞台整体设计来构思，不至于产生不和谐的因素；设置上要考虑舞台空间和观众观看的角度，要放置有层次、具美感又不影响观看为好。

第三节　灯光设计

灯光设计（图 5-22）是舞台视觉设计的重点。随着科技的进步和观众审美能力的提高，舞台的灯光设计面临越来越高的要求，也对编导的灯光设计能力提出了更高的要求。灯光效果对于任何舞台表演来说都是十分重要的，对于服装表演而言，灯光的要求具有许多舞台表演的共性，但是也有不少独特的要求，服装表演编导一定要熟悉各种灯光的原理和效果，熟知各种灯光的特点，能熟练运用丰富的灯光效果来帮助自己实现舞台设计的构想。

图 5-22

舞台灯光的作用面十分广泛，服装表演中几乎所有的舞台因素都需要灯光的配合来实现舞台效果。舞台美术需要灯光的配合，打造舞台氛围；表演服装需要灯光的配合来表现服装的款式、面料质地和整体效果；模特需要灯光的配合来展现肤色、肤质、面容和整体形象的细节；人物化妆造型需要灯光的配合来呈现完美的妆容；音乐也需要灯光的配合，实现视听盛宴带来的同步享受。

我们知道，这些因素没有灯光的配合有的不可能完成，有的效果会大打折扣。因此，作为服装表演编导，对灯光的学习是必不可少的，编导不需要掌握专业灯光师技能的全部，但是至少要对灯光设计形成一个较全面的概念，对其中的规律和原则有一个基本层面的把握。

一、灯光设计的原则

1. 关于光的颜色

展示服装，原则上应多使用白光。

营销型服装表演是以时装发布、展示、推销为主体的，应该以在舞台上真实还原服装原样为己任，因此应该在展示服装过程中使用白光。作为编导应该了解光线的红、绿、蓝三原色，三种颜色的叠加就会出现白光，而白光才是能够还原服装颜色的光线。如果将红、绿、蓝色的光线打在不同颜色的衣服上，会出现第三种颜色效果，使观众不能辨识服饰的本来面目。

应用这一原则我们就知道，服装表演在用光上大多数时间都是以白光为主，因此，服装表演的灯光设计在所有舞台灯光设计中是并不复杂的一种类型。

白光的实现有两种方法，第一种最简单，就是不加色片让灯光直接投射出来，第二种就是将红、绿、蓝三种色灯投向同一区域，使之叠加形成白光。第二种方法出来的白光照在服装上能使服装的色彩更加艳丽、层次更丰富，但是由于舞台上模特的流动所以基本不能使用在服装表演中，那样会使服装在不同的舞台区域出现不同色彩变化，不能统一。所以，服装表演中使用的灯光多数是第一种白光。

2. 关于光的强度

要巧用强、弱光。强、弱光的出现有两种情况。

第一种是强弱光同时出现。灯光运用上有这一原则，就是人们的注意力容易被强光所吸引，而容易忽略弱光的照射。因此在舞台上要将重点表达对象用强光照射，可以吸引更多的眼球，其他非重点要用弱光照射，对比越明显，重点就越突出。如果要突出整个舞台，就应该熄灭场灯，点亮舞台灯光，使整个舞台凸显在场地中央。

第二种情况是强弱光交替出现。灯光运用上还有一条规律：人们对光线强度的感受取决于强光与之前弱光的差值以及之前弱光出现的时长。具体表现是之前的弱光越弱，之后的强光越显得强；之前的弱光持续的时间越长，之后出现的强光给人的刺激越强烈。因此要想掀起表演高潮，在用光上应该在高潮前尽量长的时间里用较弱的光，而掀起高潮时要突然使用强烈的光线，不能采用渐变。

3. 关于光的方向

服装表演中多数时候的用光要均匀，不要故意出现阴影的效果（特殊情况除外）。因此灯光方向设计要遵循对应相位原则，即前后、左右、斜向的光要对称分布，这样照射的服装和人物就不会在舞台上出现阴影了。

4. 关于光的照射范围

服装表演舞台光的照射范围应该局限在舞台范围内，不能超出舞台范围，照成主体不突出。

另外，服装表演的舞台内面积除特殊需要外不能出现明显的光斑边缘，灯具的照射边缘应该相互叠加而模糊。尽管如此，依然还是会有光照的边缘存在，如舞台的边缘地带特别是伸展台的最前沿。编导在排练时一定要告知模特准确的站立位置，不要让模特的身体超出灯光范围造成表演中的视觉暗点。

5. 关于光的质地

光按照质地可分为软光及硬光。

软光就是指投射到物体上的不是同一来源方向上的光。也就是说，软光是由多个发光点从各个角度发出的光线，这样的光线投射到物体上因为不能形成受光面、背光面和投影，因此物体的视觉呈现没有明面、暗面和灰阶面，立体感不强。顾名思义，软光会软化物体表面的质感，使物体的表面看起来光滑、细腻、平整、柔润。

硬光就是指投射到物体上的唯一来源方向上的光。硬光就是由一个发光点从一个方向上发出的光，这样的光会使照射物形成受光面、背光面及投影，呈现出照射物表面的颗粒感，结构细节更加突出，因此，我们知道硬光会硬化物体表面的质感，使物体表面看起来有粗犷、野性、刚毅、粗糙、起伏、生硬的气质。

服装表演中要谨慎使用绝对的硬光，实践中也很少用到，只有在表现特别阳刚、粗犷气质的服装时可以酌情使用，最好在硬光中加入软光的成分，减少这种强烈的突兀感。服装表演中还是应该大量运用软光，增加光的各个照射角度，使模特或服装看起来更加细腻温润。

二、舞台灯具的类型和特点

灯具有不同的类型和特点，编导应该首先了解这些知识，掌握不同灯具的性格，才能在灯光设计时按需选择，合理布局。

1. 舞台聚光灯

舞台聚光灯灯口有凸透镜，可以实现光线的平行投射，发出的光线有很强的聚光性，投射距离较远。还有一种反光型聚光灯，背面有反光碗结构，灯泡朝内，光线投射在碗上然后平行反射出去，灯口为开放式。这类灯更加亮。聚光灯的特点是可产生明显的光斑边缘，易形成硬光质地，可以少量定点使用，突出服装的质感和层次感。缺点是光线不柔和。这一类灯是面光的常用灯，但是服装表演中不可过浓，会产生过强的明暗变化。

2. 舞台柔光灯

舞台柔光灯灯口有螺纹并装有透明结构，光线穿越时会产生不规则折射，形成多角度照射即软光，投射距离较近。特点是无明显光斑，形成的是软光质地，在服装表演中可以大量使用这种灯具，软光效果理想。缺点是灯光照射范围不易精确控制。

3. 舞台成像灯

在灯口有不同的造型结构，光线穿过各种造型结构在舞台上投射出对应的几何形状，是特殊效果灯。服装表演中需要渲染特殊效果时使用，可作为背景投射在地面或背板上。

4. 碘钨云灯

碘钨云灯灯口为长方形开放式，灯泡为长条灯管型，横置于灯内，灯的底部呈弧面，灯光一部分从前部射出，一部分从后部反射出来。该灯特点是发出的光线散，是散光灯。服装表演中可利用其发散的特点对舞台整体铺光，可以对舞台照明加亮起到很好的效果。

5. 追光灯

追光灯需人工控制，其结构较长，原理与成像灯相似，聚光效果明显，可以追随移动的主体投射出集中的光束，内有收束结构，可调整光斑大小。服装表演中多用于应该极其突出强调的对象，通常较少使用。

6. 电脑柔光灯

电脑柔光灯是较先进的舞台灯具，由电脑控制，实现全方位可移动照射，投射结构和性质类似舞台柔光灯，能发射各种色光。

7. 电脑摇头灯

电脑摇头灯是现在较为先进的舞台灯具，功能齐全。分为底座和灯筒两部分，出光口为凸透镜，是聚光灯性质。能投射各种色光，能投射不同的图案，可使图案转动、移动、做出各种变形，光斑大小可调，投射角度无限制，还可频闪。

电脑控制类灯光都可实现复杂的控制，投射出的光线在各个维度都可以调整，但在服装表演舞台上这类灯光多用于渲染气氛，点燃场内热度，表演过程中要淡化其效果，要慎用。另外此类灯光渲染感强烈，观众易产生疲劳感。

8. 特殊效果灯

特殊效果灯是呈现特殊效果的灯具，如频闪灯、荧光灯、激光灯等。频闪灯可实现快速强烈的闪烁，紫外线灯能照射出特殊的物体光线，如荧光粉等，激光灯投射出的是不同色光的光线，在空间中实现点和线的组合，可以描绘具象的图案，可以自由移动，复杂组合，是常用的效果灯。

上述灯具都是服装表演中会使用的灯具，编导在演出中应根据创意主题选择使用哪些灯具，何时及如何使用这些灯具。一般整场表演以散光型灯具和柔光型灯具运用较多，辅以聚光灯具照射，在特殊效果渲染或掀起高潮时可使用特殊效果灯具。

三、服装表演舞台上的光位

光位就是指投射某一功能光线的一组灯具的位置。因此光位又以光的功能来命名。服装表演舞台上的光位相对其他舞台表演来说光位设置相对简单，但是又有其特殊性。一般表演舞台的观众来自正面的一个方位，因此观看视角较统一，用光上容易实现一致的观看效果；服装表演的观众最多来自正、侧、背三个方位，观看视角随着模特的流动时为正面，时为侧面，时为背面，因此用光上没有正、侧、背面的差别，需要基本上同等对待，故在光位的设置上有其自身特点。另外，服装表演的光位多数没有现成可用，需要临时搭建。编导首先要对舞台光位建立基本的概念，然后才能合理搭建灯光架，在各个光位上设置灯光，实现创意中的舞台效果。

1. 面光位

面光位就是投射模特面部光而设置的灯具位置。在横置舞台的上空要设置一组横置的面光位，此处多为一组模特的一字排开造型，此处舞台观众为一面，因此面光位要一字铺开，从观众方向向舞台背景方向投射。纵置伸展台上空要设置多组横向面光位，特别是伸展台中部和前端位置，此处多为模特定点造型的位置。宜用柔光灯具。

2. 侧光位

侧光位位于横置舞台和纵置伸展台的上部空间，在纵线处布置，左右侧纵线处的侧光位灯打向舞台范围内形成侧面的对应光照。侧光位灯光应铺满整个伸展台，因此应该在伸展台上空的纵线上"1"字形排列。宜用聚光、柔光灯具。

3. 顶光位

顶光位是从上方投射下来的灯光位置。服装表演中顶光位置的灯应布置在"T"台正上方，向正下方、向前下方（观众方向）和后下方（背景方向）投射，顶光应多方位设置，灯光密度以铺满为好。宜用聚光、柔光灯具。

4. 天幕光位

天幕光就是照射舞台背景的光，是舞台光中最后的一道光线，也叫天排光，对应的灯具应安放在横置舞台的上空，投射面积应铺满整个舞台背景。如果舞台背景为 LED 或投影设计，则可以酌情减少该位置灯光。天幕光位宜用散光灯具。

5. 脚光位

从脚部向斜上方照射的光位，服装表演中如有需要可以设置脚光。脚光可沿整个"T"台边缘安置，最好是小型的灯具如 LED 灯具等，避免遮挡下部的服饰、腿部和鞋。脚光可以突出下身的表达，也可平衡上身光线较强的情况。易用散光灯具。

6. 其他灯位

可用于放置成像灯或效果灯的灯位。根据实际需要摆放。应尽量使之投射出的光线处于舞台背景位置，特别是有造型的灯光，尽量不可打在模特身上过久，更不应大量投射到观众席中，会造成观看障碍。

服装表演"T"台的光位设计要考虑在舞台的任意一个特定点的受光情况，特别是在伸展台区域，原则上光线的布置应该是前后左右各个方位均衡的，正面略微强调即可。而在横置舞台区域，因为模特只是正、侧面对观众，要考察正面及侧面光是否均衡，背面场光即可。

第四节　观众席设计

观众席设计就是指在场地中对观众所坐区域的规模、位置、布局及观看视角设计。观众席和舞台密不可分，编导在设计之初要两者同时考虑。

一、观众席的规模

观众席的规模应根据观众到场人数来确定。预估观众的到场人数，然后在此数字上上浮

20%~30%，基本可以确定观众的人数，根据这个数字决定观众席的设置面积。

二、观众席的位置

观众席的位置一般设置在舞台的前方和伸展台的两侧。如果舞台设计为其他形式，则需要根据舞台形式来设计观众席的位置，原则上要保证观看的质量，不要有视觉盲点，不要有严重的遮挡为妥；要在观众席和舞台之间留出足够大的间隙，保证工作人员进出和手持摄像机位的活动；最后还要为防止突发情况发生设计好便捷、快速的疏散路线。

三、观众席的布局

在观众席布局过程中首先要注意进及出的便利性，区域间要留出进出的过道和空间；其次要注意摆放的椅子的间距，不可过窄或过宽，横向距离 10 厘米左右，纵向距离 50 厘米左右即可；最后要注意椅子的造型和材质，最好建议用椅套包裹，使用软性材质的椅子。

四、观众席的观看视角

结合舞台情况，如舞台没有增高，为获得更好的观看视角可以设计阶梯式的观众席。编导要在座椅放置好后在各个地方随机坐下检查视角，要避免音响设备，摄像设备或灯光设备遮挡观众视线，如有遮挡需调整设备位置或在遮挡区域不放置观众席位。

第五节　工作区域设计

除观众席外，场地内还需根据工作规律合理安排各个工作区域，保证演出期间各个部门的工作在场地内有序开展。

一、灯光工作区

灯光工作区要求较苛刻，要设置在伸展台的正前上方及两侧的上方，通常要架高处理。正前上方为灯光整体控制区域，用来整体控制舞台灯光，两侧上方为追光工作区域，需安排专业人士控制。灯光控制区域要尽量保证舞台的正前方较高区域，如果偏台严重会影响光线的角度判断，造成对光不准；如果控制台高度不够则视线易受干扰，影响灯光控制。

二、视频工作区

音视频工作区一般安排在舞台的左右侧边区域或伸展台的正前方区域，一般没有特殊要求，只要能观察到舞台上的进度即可。

三、摄像区

摄像区一般安排在伸展台末端的两侧位或正前方位，一般用固定机架架高机器或置于垫高的摄像台上，如大型场地有摇臂摄像机位则应安排在舞台侧位空地，舞台周围还应保留手持机位的活动空间。

四、摄影区

摄影区是专供摄影师和记者摄影时活动的区域，一般安排在伸展台的正前方，观众席的最后排的后方区域。这一区域和舞台之间不要设置遮挡物。

五、评委区

评委区只在竞赛型服装表演中才会使用，是专供评委落座的区域，该区域一般位于最接近伸展台的观众席前端，此位置可以保证评委们的最佳视线，做出客观公正的评价。

六、禁止区

在演出正式开始前，尽可能在观众区和工作区之间设置移动式隔离带，留出一人进出的小口，留专人看守。因为演出期间工作区域不能出现半点差错，电线被踢绊或设备被闯动会导致严重的后果，就算是受到一定的干扰也会影响部门间的配合，因此这样的隔离出禁止区是十分必要的。

第六节　绘制演出场地平面图

编导要掌握快速手绘场地平面图的技能，能在一张白纸上迅速实现空间构想的记录。并且能做到基本符合现场比例，准确标记边缘尺寸的要求，舞美团队可据此图无障碍理解场地的布局并出具精确尺寸的工程平面、立面图，确认无误后开始舞台搭建。

服装表演编导要想快速准确手绘场地平面图，应该做到以下几点：

（1）场地平面结构准确把握。

（2）场地尺寸大致了解。

（3）对场地各区域划分胸有成竹。

（4）初具手绘图技能。

（5）能明确标识线条尺寸无歧义。

☞ **思考题**

自选某一具体品牌，根据风格与定位，完成一次服装表演舞台视觉环境的整体设计，包括舞台设计、道具设计、灯光设计、观众席设计和工作区域设计，用 PPT 或手绘效果图汇报。

第六章 舞台听觉环境创建

　　上一章中我们重点学习了舞台视觉环境的创建，这一章继续学习舞台环境创建的另一个重要内容——舞台听觉环境创建。

　　作为编导，舞台环境的听觉设计部分也十分重要，服装表演中的听觉部分主要包括音乐设计、画外音及主持人语言设计。

第一节　服装表演音乐设计

服装表演中的音乐和服装表演本身的历史几乎一样长久。但是我们追溯服装表演的历史就知道，服装表演在最早期是没有音乐背景的，不过很快，人们发现了音乐和服装表演的结合是那么天衣无缝，直至今天，音乐和服装表演一直都是同时出现的，他们仿佛天生就应该在一起，人们无法想象服装表演失去了音乐之后是个什么样子。

音乐自身有很多的特点决定了它生来就可以成为服装表演最好的伴侣。

首先，音乐有节奏，而模特的表演特别是步伐也有节奏，它们在时间点上不但可以重合，音乐还能对模特的表演节奏加以提示。灯光也可以有节奏，因为音乐，灯光的节奏找到了依附的支撑，随着音乐的变换，灯光的变幻也更具动感。

其次，音乐具有最优异的背景性抽象情感表达能力。在所有的综合性艺术形式中都可以发现这样的规律，当表演没有声音时，比如影视剧中的表演没有对白，没有旁白时，音乐就会适时响起，填补这时听觉上的空白。那是因为首先它是视听享受的一个维度，只有视觉没有听觉对人的体验来说是不完整的，且音乐具有表达的抽象性，因为它没有具体意思的所指，所以它不会因为其出现而分散观众的注意力，相反，因为它的情感表达能力，它可以使观众的情绪行进到更深邃的一个层次。服装表演就是音乐发挥特长的领地，他弥补了表演过程中的听觉缺憾，还抽象地铺垫了表演的情感背景。

最后，音乐的很多维度和服装的维度可以形成感受暗示。如在音强和节奏上，音乐的强劲节奏较大的响度可以带给人动感的体验，它可以暗示那些活泼、青春、热烈的服装风格；音乐舒缓的旋律和轻声的音强可以使人放松，它可以暗示那些优雅、从容、含蓄的服装性格。在音色上可产生的联想就更多了。例如，小提琴的音色容易让人联想到丝滑的触感，它可以暗示那些丝绸锦缎类的面料；钢琴清澈气质的敲击音色可以联想明净纯粹的服装气质；大提琴深邃沉静的音色可以表现男装成熟的一面，也可表现女装优雅的一面；长笛空灵的音色可以联想纱质面料的轻盈缥缈；小号辉煌的金色可以表现恢弘大气的服装性格。音色的明暗还可以和光线的明暗相得益彰，旋律的走向可以表现飞腾或低潜的倾诉等。

作为一名优秀的服装表演编导，一定要熟悉音乐的规律，要了解音乐的素材，能运用音乐的各个维度精心安排音乐，因为它对于一场成功的服装表演来说实在是太重要了。

一、服装表演音乐的特点

1. 音乐风格与服装风格一致

无论选择何种音乐，服装表演的音乐风格一定要贴合服装的风格。在这里，音乐是为服装服务的。两者一致的风格可以强化服装的效果，而风格上的冲突会导致服装表演最终不伦不类。

2. 节奏感强

服装表演的背景音乐要利于模特走台，节奏要清晰明显，易于踩踏。一般不会使随意变化节奏的音乐或节奏感模糊不清的音乐出现在服装表演中。

3. 表达抽象

前面已经说到了，服装表演的音乐一般都表达抽象，不具备具象的画面感，也不指出具体的意义，留给观众广阔的和服装、模特结合的艺术想象空间，这也是这类音乐想要达到的效果。

二、服装表演音乐的选择

服装表演编导选择表演用音乐一定要注意音乐风格和服装风格的统一这一问题，应该怎样从众多的音乐中选择合适的一款呢？下面将具体介绍音乐的速度和旋律要素的各种变化和不同的服装类型间的关系。

1. 音乐的速度和服装风格、表演特点之间的关系

这是服装表演音乐选择的第一要素，速度决定了服装表演的基调。具体对应关系见表6-1。

表 6-1

音乐速度标记	拍数（分钟）	服装风格	表演特点
广板	50 左右	礼服、旗袍	高雅、怀旧
柔板	60 左右		
行板	70 左右	职业	干练、坚定
中板	90 左右	田园、休闲	清新、甜美
小快板	110 左右	都市、时尚	雀跃、活泼
快板	140 左右	运动	活力、动感
急板	170 左右	先锋	狂野、奔放

音乐的速度还要和模特行走的速度对上，让模特的步伐踩在音乐的节拍点上为好，音乐速度如果过快或过慢则不能行走，会造成模特步伐和音乐脱节，这是不好的。

2. 音乐旋律线条和服装线条、服装类型之间的关系（表6-2）

表 6-2

旋律线条	服装线条	服装风格
连贯、柔美	大曲线、细线	礼服、旗袍
平稳、均匀	折线、直线	职业装
跳跃、快速	小曲线、褶皱多	运动装、田园类休闲装
短促、语感	断线、粗线	前卫装、都市类休闲装

上述关系具有普遍意义上的参考价值，但并不能代表绝对的对应关系。音乐感受是一种个人的情感体验，它不存在统一的标准，编导要根据观众的年龄、层次等因素灵活掌握、自

由取舍，不可被上述结论所束缚。

3.乐曲或歌曲的选择

在这一点上我们的观点很明确，尽量不要使用歌曲作为背景音乐。因为歌曲有歌词，所以歌曲不具备抽象的表达特点，一旦表达具象，会将观众的注意力转移到音乐本身而不是服装上了。从这一点来考虑，歌曲一直都是服装表演编导们慎用的。

歌曲不是不可以用，比如一些说唱音乐，歌词简单并不断重复，而意思在国内又不能被人所理解，也可以起到很好的效果。但当你要使用时下流行的中文歌曲时，就要权衡再三再做决定，它可能会带来很好的剧场效果，但别指望观众会记住服装。

4.音乐节奏型的选择

音乐有自身的节奏型，分为二拍子、三拍子、四拍子和复合拍子。在选择音乐时要考虑到音乐的节奏型是否利于模特行走。二拍子和四拍子是双数拍子，和模特走路的节奏可以对上，但是三拍子或复合拍子的音乐会扰乱模特行走的重心，因为重心脚会不断在左右脚上轮换，无法走出流畅的形体韵律。三拍子音乐多用于旋转式的舞蹈音乐，如华尔兹等，服装表演中要慎用。

5.创作音乐的选择

大多数服装表演音乐都是利用已有的音乐加以变化形成，为了获得更贴切的效果，音乐也可以根据服装和设计师理念来量身打造，这时就可以选择创作音乐。

优秀的创作音乐的确可以大幅提高表演效果，但是创作时间较长，编导需提前一段时间安排这项工作，另外，这样的形式费用较高，优秀的音乐创作团队或个人往往要支付很高的报酬。创作音乐不是就一定好，如果受制于经费或制作人水平，音乐创作质量一般，还是建议用已有的服装表演音乐，费用低廉、风险低，或许舞台效果会更好。

三、服装表演音乐的表现形式

服装表演中的音乐可以有两种表现形式，一种为现场播放，一种为现场演奏。

1.现场播放

现场播放是通过播放设备在事前录制好的音乐，这是最常见的服装表演音乐表现形式。现场播放的音乐首先要经过前期制作，编导可在专业音乐制作人的协助下完成该项工作。前期制作的音乐主要是注意音乐的过渡。一般来说，一场服装表演会用到多首背景音乐，在服装系列转换时背景音乐也应该相应切换。因此，将背景音乐刻录到一张光盘上十分必要，既省去了换碟的时间，又减小了出错的概率。另外，电脑拷贝也十分必要，可在播放设备出错时转换播放源。

编导们还要注意背景音乐的时长，有些音乐本身无法达到表演的时长，就需要将音乐剪辑出希望的长度。利用专业的音乐制作软件可以实现音乐的剪辑和拼接，该项工作最好由音乐制作人员完成，可保证剪接处不留痕迹，进而保证表演的连贯。

2.现场演奏

现场演奏就是使用现场乐队为服装表演演奏背景音乐，这使得音乐可以根据演出的进程临场调整，可以精确控制演出节奏和场内气氛，是一种特别好的音乐表现形式，会产生意想不到的舞台效果，其极具现场感的音乐气场是播放录音无法达到的。

现场演奏也有缺点，首先会分散观众的注意力，一部分视觉会从服装上转移到乐队身上；其次，现场演奏增加了出错的概率，风险较播放录音大；最后，预算会大幅增加。所以现场演奏虽然有很多优势，但服装表演活动中也并不常见。

四、服装表演音乐音强的设计

音强就是指声音的响度，物理单位为分贝。服装表演中音乐的音强要根据场地大小、观众人数、服装风格、流程设计来决定。一般来讲，服装表演的音乐应该保持在中强的范围内，要在现场营造出动感、震撼的音响效果，音乐声不可过弱，否则现场的环境声会干扰模特的表演和观众的注意力。

音乐的强度不是一成不变的，在优雅、沉稳风格的服装表演中，音乐可适当减弱，在动感活泼或要将表演推向高潮时，可适当加大音量，烘托气氛。在一个系列服装表演结束后，音乐应该渐弱，而不应该突然停止给人突兀感，在表演开始或一个新的系列开始时，要让音乐先响起来，再让模特出场，舞台过渡就会较自然了。

五、音响工程设计

音响工程设计指舞台现场音响播放设备的设置规划。这里服装表演编导需要特别注意的是音箱和音控台的摆放位置。

主音箱一般摆放在舞台的两侧，对着观众席，这个位置有可能会遮挡观众的视线，摆放时要注意避免。场地声场也会影响设备的摆放，根据场地的大小和反射程度确认音响设备的摆放位置。要确保声场的中心点在伸展台的前方，一般光滑表面多的场地反射强，而有地毯、织物多的场地声音反射弱，还要考虑有观众和无观众的情况，人越多反射越弱。演出现场应消除较强的反射，在墙壁上粘贴织物、铺地毯和加座椅套都是很好的办法。

音控台最好设置在舞台的侧面，也可设置在伸展台前方的较高处，使音响师能够观察到舞台上的进程，以便随时做出音响上的调整。

在排练过程中一定要让音响师熟悉流程，特别是熟悉每一个系列的最后一组服装展示，准备音乐切换和表演实现默契的配合。

第二节　画外音设计

画外音这个概念来自影视，是指不由影视画面中的人物或物体发出的声音，而是来自画面外的声音。服装表演中的画外音就是旁白，起到视觉解说的作用。

服装表演解说是介绍、解释观众所看到的内容、阐述服装设计师的思想。画外音摆脱了声音依附于画面视像的从属地位，充分发挥声音的创造作用，打破视觉景框的界限，把服装的表现力拓展到视觉范围之外，不仅使观众能深入感受和理解所见形象的内在含义，而且能通过具体生动的声音形象获得间接的视觉效果，强化了服装表演的视听结合功能。画外音和服装表演中的其他声音及视像互相补充，互相衬托，可提高观众观赏的效果。服装表演中的画外音设计主要涉及以下方面的内容。

一、服装企业及品牌简介

这一部分内容观众无法直接从视觉观看中获得，如果有必要，就需要设计传达此内容的画外音。这一内容在表达上不可以繁琐，要提炼亮点、简洁扼要，播放时间可以在服装表演正式演出之前，也可以在服装表演开始后，因为此项介绍的内容有一定宏观性，因此不可以放置在流程的中后部。

二、服装设计师简介

对服装设计师的介绍要涵盖其职业生涯的内容，如学习经历、工作经历、重要作品等，不要涉及与职业无关的个人信息。另外，还要介绍其服装创作理念及此次服装表演的构想，即该设计师在服装设计上的一贯诉求和观念与本次展示的几个系列服装的内在创意联系及在其整体职业生涯中的地位。此内容也应该安排在整个流程的前部。

三、服饰简介

服饰简介首先要介绍大的服饰系列，即一组服饰的类型、共性的设计元素等，其次要介绍个别服饰的设计亮点及细节方面。服饰简介应避免介绍观众能很明显察觉到的内容，而应该主要介绍观众视觉无法了解的内容，如微小但具亮点的细节，服饰的新工艺、新功能，面料的特性，服饰中包含的流行趋势等，这样就可以成为观众观看过程中的一个很好的补充。

服饰系列介绍应该在系列出场之前或前部，服饰介绍应该和具体的服饰出场相对应，当服饰出现在多数观众视线主体范围时介绍为好。

四、模特简介

如果是模特比赛的画外音设计，就需要介绍模特。当一名模特出现在多数观众视线主体范围时，介绍模特的编号、姓名、三围数据、职业生涯、专业特点、兴趣爱好等，这些内容必须高度精练，不可冗长。

在专业服装表演中几乎不用画外音介绍模特，因为介绍模特会使观众的注意力从服装上转移。当然有一些时候也会需要介绍重点的模特，如名模等，这时的介绍就更要简短，如姓名、获奖情况等内容即可。

上述内容一般就是服装表演中画外音的主要构成，当然也有一些其他的画外音内容，编导应根据具体情况来设计，这里不再赘述。

第三节　主持人语言设计

服装表演主持人的主要功能是承启流程，使之顺畅，主持人的主持内容也应该以该功能为核心。服装表演编导应该整体把握主持人的主持内容和形式。

一、串场词的编写

串场词的框架需要编导确定交给文字编辑，文稿应该由专业的文字编辑来完成以保证串词内容准确表达同时兼备文学性和艺术性。之后还应根据表演的变化而调整，最终由编导确定完成串词的编写。

二、表演前的主持内容

表演前的主持应该包含以下内容，首先应该对到场的观众表示感谢，其次介绍本次表演的性质、意义、主办方、承办方、赞助方信息，之后介绍到场的主要嘉宾或评委的职务姓名，引导重要嘉宾讲话致辞，还可以介绍设计师及品牌，为观众引荐设计师，最后宣布表演正式开始。

三、表演中的主持内容

这一内容涉及上面画外音的内容，也就是说上述画外音的内容可以由主持人在场边根据表演进程来控制完成，可以实现画外音和表演在时间点上的对齐。

在表演中原则上主持人形象可以不再出现，以免打断观众的整体观看感受，使整个表演零散。

四、表演结束的主持内容

首先简短为表演做画龙点睛式的总结和概括，最后宣布表演结束，送上祝福话语。结束语一定要简洁有力，概括准确，不可拖沓。

主持内容和作为表演内容的一部分也需要多次排练，确保与演出内容衔接自然、主持流畅无误为好。

☞ 思考题

为某一品牌春季时装发布会设计表演音乐、画外音，并说明音乐选择的理由。

第七章　模特的选择及形象设计

　　本章中将重点介绍排练的前期准备工作，作为服装表演编导，本章的内容是真正和服装表演专业息息相关的，必须十分熟悉，应站在服装表演的专业角度来考虑这些内容。它们具体包括模特的选择和试装、模特的形象造型设计两个部分，下面一一进行具体的介绍。

第一节　模特的选择

模特是服装表演的主体，服饰的展示必须要通过模特的舞台表演来完成。因此模特的正确选择与否直接决定了服装表演的成败。由于要展示出服装的美感，因此模特对身材的要求比较苛刻：女时装模特要求身高 175~180 厘米、肩宽 44 厘米以上、胸围 83~90 厘米、腰围 63 厘米左右、臀围 90 厘米以内；男时装模特 180~190 厘米、肩宽 52~55 厘米以上、胸围 103~106 厘米、腰围 76~83 厘米。

有经验的服装表演编导在挑选模特时，印象非常重要。主要从以下几个方面来考察。

首先，选择模特时，通常会考虑模特在"T"台上给观众造成的"视觉差"，因此一位标准的模特在身材比例和身材结构上应比正常人略有夸张，在舞台上则比较合理。

其次，选择模特，在"硬件方面"通常要考察头、脸、颈、身材和皮肤。其中包括：身材比例匀称（腿长），臀部没有下垂，身上没有赘肉（尤其是腰部），肌肉无松弛，头小且脸小，脖子稍长，脸部有线条感，具备骨感。皮肤正常、健康、干净，没有疤痕和胎记，非过敏性皮肤（即皮肤对棉、毛、丝、麻及化纤产品及化妆品没有过敏反应），鞋号应在 37~40 号。但有时也选拔一些虽不漂亮或不完美但在某一方面具有特点的人，由于这些人在某些方面的特点具有价值，也有成为模特的可能。

最后，模特要有"衣着感"。像音乐人要有"乐感"，舞蹈演员的肢体要有"韵律感"一样，模特要有"衣着感"。所谓"衣着感"就是模特穿上衣服后的整体感觉。我们平时说某个人穿什么样的衣服都好看，就是说个人衣着感好，是个好衣架。一位衣着感好的模特，可以融于任何一件作品，可以表现出这件作品所特有的风格和韵律；衣着感好的模特对于服装的尺寸有较好的兼容性，也就是说即使服装的尺寸并不一定非常适合这位模特，但由于这位模特的衣着感好而使服装的尺寸问题在某种程度上不会显得太突出。随着模特经验的不断丰富和提高，其衣着感也会有一定程度的提高，模特的衣着感包含着先天和后天培养的因素。

一、模特的类型

模特的类型主要有以下几种。

1. 时装模特

时装模特主要展示与时尚服饰有关的概念、服务和产品。他们主要出现在印刷品上和现场时装展示中，也出现在电子媒体上。大致上，时装模特可分为高级时装模特、普通时装模特、青少年模特、大尺寸模特、小号模特、儿童模特等。这也是本书中重点讨论的模特类型（图7-1）。

2. 商用模特

商用模特通常指以广告拍摄为主要业务，以从事商业推广工作为主的模特。对这类模特的身高没有特别苛刻的要求，一般在 165 厘米以上。商业模特应具有很好的形象、皮肤和发质。由于他们主要工作在镜头前，因此商用模特应该具备很好的表演能力和镜头前的表现能

图 7-1

力。改革开放以来，随着市场经济的发展，我国涌现出一批特别领域的模特，比如汽车模特、房产模特，这些模特也可以归入商用模特范畴，只是要求这些模特比一般的模特更具有较强的专业常识，比如汽车模特应该多了解汽车的基本构造及性能，掌握一些专业术语；而房产模特则要求模特对房屋的布局、环境概况等有丰富的常识。"房模"和"车模"这一类的商用模特不仅仅是模特，还应该是很好的产品推销员。

3. 内衣模特

内衣模特是模特中较为特别的类别，由于展示内衣需要模特身体大面积地暴露，因此对模特身材的要求非常苛刻，也就是说内衣模特应该是身材最完美的模特。能被选为内衣模特，应该是件值得骄傲的事。

对内衣模特的要求：全身无赘肉；皮肤健康、有光泽、无疤痕；臀部丰满、上翘，臀围不超过90厘米；适合穿着75B的胸罩（图7-2）。

图 7-2

4.试衣模特

试衣模特主要与设计师以及服装公司打板房的工艺师一起工作。试衣模特是以服装的号码为基础的，比如说8号模特，表示这位模特的体型适合8号服装。试衣模特应该对服装裁剪和造型有一定的常识，能够在穿着过程中体察到服装裁剪和工艺的合理性，为工艺师提供一定的参考意见。在国外，试衣模特的工作非常频繁，模特以小时为工作单位，一些大的服装公司都有相对稳定的试衣模特。虽然目前国内的试衣模特还不够普及，但随着服装工业的发展，会有更多的设计师和工艺师需要试衣模特帮助他们完成服装样板的制作和设计。

5."部件"模特

由于一些产品的拍摄只需要人体某部分肢体作为载体,因此便产生了向广告商提供"部件"拍摄的模特。其中包括：手模特（图7-3，拍摄首饰、其他精细产品的广告）、腿模特（拍摄丝袜、鞋、健身产品的广告）、"嘴"模特、"耳朵"模特、"腰臀"模特等。这些模特不一定要求有完美的体态和形象，但要具有完美的"部件"。在国外著名"手"模特可以得到非常高的报酬。

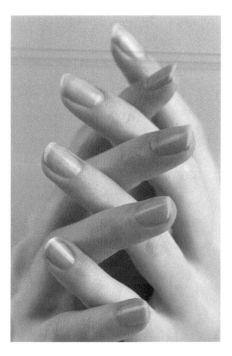

图7-3

二、模特的来源

不同来源的模特有其自身的特点，要根据表演的性质来决定模特的构成。

1.职业模特

职业模特就是以服装表演作为职业的模特。他们应该是所有模特来源中最具有专业性的一个群体。模特是他们的工作，选择模特作为职业的人都具有良好的模特天赋，又因为每天在各个秀场之间穿梭，所以专业能力很强，悟性高，表现力强，职业舞台经验也十分丰富。目前我国的职业模特大都所属不同的职业模特经纪公司，与这样的公司接洽就可以邀请到职业模特的参与（图7-4）。

与职业模特合作编导可以十分省心省力，这些模特有较好的专业精神，具备较高的职业素养和职业道德，能呈现复杂的表演流程和舞台效果，对服装风格的把握能力也较高，舞台表现丰富且准确，临场不易出错，可呈现良好的表演效果。

职业模特往往费用较高，她们的参与会大大增加服装表演预算，如果预算充足，职业模特是模特构成的首选。

2.业余模特

如果是表演类的服装表演，抑或是小型的预算不高的营销型服装表演，会选择业余模特承担表演任务。业余模特中也分一些层次，总体来说，业余模特都是不以服装表演为职业的一群人，但这些人中有一些是接受过模特培训的，具有基本的模特表演技能，还有一些可能

图 7-4

没有接受过模特培训,基本没有掌握服装表演的技能。而后一种在表演型服装表演中较为常见。

业余模特需要编导在技能训练上多花一些精力,另外在服装表现上要多提示、多引导,使之表现出服装的风格和特点。为了减少正式表演时出错的概率,在表演流程上不宜设计得过于烦琐,还要保证充裕的训练和排练时间,以保证演出效果。

业余模特费用较低,但专业性较弱,舞台效果不如专业模特理想,前期准备工作也较困难,在预算较少时可以选择。

3. 学生模特

其实严格来说,学生模特应该划入业余模特中,因为她们还没有职业的归属。但是学生模特在性质上具有中间性,因此单独列出来阐述。这里所指的学生模特是特指那些在校学习模特专业的学生。因为学习的是模特专业,所以她们身上具备一些职业模特的特点,如专业技能较好,有一定的模特身体天赋和表演天赋,她们中的很多人在毕业后可能就会走上职业模特的道路,成为一名专业模特,因此,她们中的某一部分是可以和职业模特相提并论的(图 7-5)。

学生模特可能会有这样的问题:首先,水平良莠不齐。学生模特中优秀的和不优秀的都有,因此表演水平可能会差距较大;其次,职业素养不高,学生模特也许在技能上还能胜任专业的演出,但职业性较缺乏,因为表演不是其本职工作,所以职业欲望可能不强;再次,舞台经验不足,学生模特可能在技能和表现上都能胜任演出要求,而且也具有表演热情,但是职业经历少决定了她们在舞台上可能显得稚嫩,不适宜担当重要的演出角色,最后,表演的日程安排可能会和学校管理相冲突。

学生模特的资源掌握在开设相关专业的学校,与这些学校或专业联系就可以实现与她们

图 7-5

的合作。她们费用相对不高，但能基本保证专业演出效果，也是一种很好的选择。

一场演出的模特来源构成可能并不是单一的，它可以是上述人员的混合，根据不同来源模特的特点，分配不同的演出任务，是编导要考虑的内容，只要合理使用，一定能获得预期的演出效果。

三、模特的挑选

模特的挑选就是确定人数并将演出模特从备选模特中挑选出来。

1. 确定模特的数量

一场服装表演需要明确模特的人数，人数的多少一般是由服装的多少来确定的，此外，还要考虑到表演时长、规模、换衣服的时间等因素。一般小型的服装表演人数在 6~10 人，中型的在 10~15 人，大型服装表演则要 15 人以上，甚至 20 多个模特。

模特数量还应预留有 1~2 人的应急空间，如果演出时出现突发情况可以替补使用。

2. 选定演出模特

在确定了模特来源后，就可以安排模特的面试了。在面试之前，编导要完成这样几个前期工作。

首先，编导要仔细查看服装表演的服装和饰品，把握服装的风格和特点，理解设计师的设计意图，形成选定模特的构想。其次，编导应该拿到所有备选模特的职业资料，在面试之前形成初步印象。最后，就可以组织面试了。

面试环节中编导要带有明确的目的性，其目的有以下四个：

（1）身体条件考察。对备选模特的身材比例、肤色肤质、相貌进行考察，根据服装要求挑选出天赋好的模特。

（2）模特技能考察。要求模特展示专业技能，编导挑选出专业技能过硬的模特。

（3）模特性格考察。通过简单的提问，按照模特回答时的表现和内容大致对模特性格进行划分，挑选出符合服装性格的模特。

（4）表演风格考察。通过上述三项的考察确定模特的表演风格和气质，选定适合本次表演风格的模特。

上述环节编导需要和设计师及模特领队共同商议完成，了解设计师的想法，根据模特领队的介绍和推荐，最终确定模特名单。

四、模特的试装

模特试装的目的就是要为服装指定合适的表演模特。同一件服装由不同的人穿着会产生巨大的差异，甚至会决定一件服装的成败。因此，一定要为服装选择出最适合的穿着人选，这是考验编导能力的时刻。实际上，这个试装过程应该在编导脑海中已经有了一个初步的构想，这个构想来源于上面的选定表演模特的阶段，现在的试装是为了将编导脑海中的蓝图清晰化、现实化。服装分配有以下原则。

1. 模特身材尺寸与服装尺寸匹配

需要安排不同的模特以适应不同服装尺寸的需求。每款服装对模特的身材比例、丰满程度等均会有不同的要求，选择符合这些要求的模特来穿着这样的服装，是服装完美展示的前提。

2. 模特的身体条件与服装匹配

不同的服装会突出展示模特的不同身体部位，要避免出现服装暴露模特身体缺陷的情况，要让模特的优势条件为服装展示服务。如不要给腿型不好的模特分配短裙，不要给腰部有赘肉的模特分配露脐装，不要给身材比例不完美的模特分配泳装，不要给没有肌肉线条的模特分配运动装等。

3. 模特气质与服装气质匹配

每个人都有不同于他人的特殊气质，它是因性格特质、成长环境、个人经历等因素形成的，具有短期的不可改变性。为模特分配服装时一定要考虑到模特气质的差异，做到服装气质与模特气质相匹配，才能更好地传递出服装的精神内涵。一个甜美型气质的模特如果分配到田园风格的服装，那将使服装的美感进一步扩大，如果分配她一件冷峻气质的服装，将会使服装的表现大打折扣。给成熟端庄的模特分配礼服，给青春靓丽的模特分配休闲活力装或运动装这才是正确的气质搭配。

4. 为分配好的模特和服装编号

将模特和配好的服饰按照出场顺序分别编号是一个避免出错的好办法。将模特从1开始按照出场顺序编号，每个模特发一个号牌贴在身上易于编导识别；服饰的编号则可以体现对应的模特和衣服的顺序，如1—4，则表示这套是1号模特穿着的第四套服饰，衣服和配饰要放在一起悬挂在衣架上，避免搞乱。已经演出过的服饰和未演出的服饰应该分开码放，这样不易出错。

模特的试装过程要不断调整，反复确认。模特需要穿好分配的服装进行展示，必要时配以演出妆容，编导要仔细观察每一位模特的表演过程，提出修改的建议，做到模特和服装间的完美融合。

第二节　模特的形象设计

模特的形象设计并不是服装表演编导的主要工作，这一工作的具体实施应该由专业的造型设计师来完成。但是作为编导应该对造型师提出造型上的总体要求，包括风格、气质甚至细节等因素，而提出要求的根据则是服装的设计风格和理念。

营销型服装表演中的模特造型设计是为了服装和品牌服务的，这是形成设计思路的基础，编导必须从服装和品牌信息的传达为基点出发，审视模特的形象设计。另外，在所有的服装表演类型中，造型和模特气质的吻合也是非常重要的。最后，模特的形象设计要和舞台整体设计相协调，成为一个统一的整体。作为一名服装表演编导，从上述原则中确定模特形象设计才是最合适的方式。

服装表演中的模特形象设计主要包括以下几个方面的内容。

一、发型设计

发型设计既是头发整体造型的设计，包括头发的内外轮廓、颜色、长度、层次、厚度、质感、花纹走向等内容，是人物造型设计中的重要部分。服装表演中模特的发型设计要考虑以下要素。

首先，要考虑发型和服装风格的匹配。硬朗型服装：发型不要设计得太复杂，曲线条不宜过多，应以直线为主，配合短发造型或是长发盘扎；运动型服装：发型可设计成轻松而活泼的短发型，或梳成马尾辫等干净清爽的造型；职业型服装：以简洁、明快、大方、朴素的发型设计为主，表现出淡雅、端庄的感觉；前卫型服装：发型可以设计得大胆突破，强调创造性；晚装型服装：可以多使用长发和大曲线设计，突出发型的蓬松和层次感，让模特显得妩媚动人，散发女人魅力；甜美可爱型服装：设计中可考虑直线中结合小曲线的运用，平刘海要稍显厚重的，可设计中等长度的、齐肩短直、发尾部曲卷散发可爱气质，整体感觉清纯甜美（图7-6）。

其次，发型设计要符合模特气质，能起到遮瑕的作用。除了帮助展示服装的美，发型还应展示模特的美，掩饰缺陷。要根据模特的头型、脸型、五官、发质、体型等特点来设计符合模特特点的发型，既能突出模特的气质特点，又能掩盖模特的缺点。作为编导，在这一点上应该多与造型设计师商榷，用造型设计的专业手段来解决。

图 7-6

二、化妆设计

化妆设计就是对模特整体妆容的设计，包括整体妆容的风格、浓淡等因素。作为服装表演编导不必考虑实现化妆的技巧和过程，把它们交给专业的化妆师，只需要整体把握化妆的设计风格和原则即可（图7-7）。

图 7-7

　　和发型设计一样，化妆设计的首要原则就是要求化妆风格与服装风格相一致。设计妆容要考虑服装的功能、款式、面料、质地、色彩等因素，打造合适的妆容。

　　化妆设计还要考虑到演出环境和演出性质的因素。环境因素如室内和户外场地的差别，白天和晚上的差别，灯光设计的差别，观看距离的差别等。演出性质因素如模特竞赛或服装发布会的，抑或是表演型演出，化妆的要求都会随之改变，体现在服务主体的变化，竞赛型的化妆要为模特本身服务，发布型的妆容要以服装为中心，而表演型的妆容要考虑到观众的观看感受，这其中具体的变化需要编导根据实际情况来确定化妆的设计。

　　化妆设计还应该保持一组模特或一系列模特基本一致，不要出现过于明显的风格差异。这样观众对模特的识别就会较模糊，而将注意力更多地放在服装上。

　　化妆设计要考虑和演出所有服装的搭配，因此设计要中性，不能个性太突出迎合了一两套服装而与多数服装无法融合。因为一场演出中不同系列的服装可能会有完全不同的风格差异，而系列转换期间是不可能换妆的，所以化妆设计要为整场演出作通盘考虑。

　　最后，化妆设计要适当考虑模特之间的个体差异，包括模特的形态差异、个性差异和风格、气质差异等。

　　模特造型设计需要服装设计师、发型师、化妆师和编导共同商议完成，编导应保证设计师和造型师之间的充分交流，以打造出优异的服饰整体造型为服装表演服务。

👉 思考题

1. 按照本章中介绍的内容，以 8 人为一组，完成"N° 5"品牌服装发布会的模特选择和造型设计。

2. 请每位同学清晰地描述自己和任意其他两位同学与服装表演有关的个人风格和最大的特点以及最适合的服装表演类型，并说明理由。

第八章　服装表演的排练及演出

　　本章将首先详细介绍演出前编导负责的排练工作程序，这些工作具体包括排练的具体安排、模特动作设计、模特流动的线路及整体造型设计；然后介绍正式演出及演出结束后编导应该完成的工作任务。这里包括一些细碎但又重要的事项，是服装表演编导工作的核心内容。

第一节　服装表演的排练安排

和任何现场表演的舞台艺术形式一样，服装表演也需要事先排练，排练是一个艰苦繁杂的过程，且是演出成功的保障，编导要重视演出前的每一个排练环节，这是模特在舞台上能最终呈现良好状态的保证。

一、排练的时间表

编导在排练之前要明确排练时间表。因为可能涉及多方面来源的模特队伍，排练时间表要统筹商榷，一旦确定排练时间，大家应共同遵守。

一般来说，最后一次排练应该把时间定在演出的当天。如果是晚上演出，排练就定在下午；如果是下午演出，排练就定在上午。在演出的头一天也应该安排排练，而且具体的时间应该和第二天的演出时间一致。比如，演出时间是 10 日晚上 7 点 30 分，则应该在 9 日晚上 7 点 30 分组织一次彩排。一般来说，演出前一天的彩排会设置比较大的强度，而演出当天的彩排应该比较轻松，只是走一遍流程即可。

作为编导，应该根据参演人员的具体情况和演出流程的难易程度来合理安排排练时间表，人员众多或流程复杂的表演应该留出充裕的排练时间，而小型、简单的演出则可以酌情减少排练次数和时间，时间表的安排应该以舞台效果为准，如果发现既定的时间表无法完成或超额完成了演出任务，则可以适当调整，相应地增加或减少排练时间。

时间表可以参照表 8-1 的格式，设计好后分发给各个演出部门。

表 8-1

排练时间	参与人员	排练地点	备注（是否带妆等）

二、排练的地点

因为很多服装表演的舞台都是临时搭建的，真正在演出舞台上的排练时间可能很短，很多舞台会在演出当天才能完全搭建好。因此服装表演的排练地点就分为非演出舞台和演出舞台两大类。

1. 非演出舞台的排练

非演出舞台的排练地点可能是排练厅，其他"T"台等地方，在这些地点排练应该注意演出舞台的尺寸和台型。编导应该告知模特实际表演的舞台有多大，并模拟出表演区域，让模特在区域内指定的位置表演。这种排练首要解决的问题就是要确保模特对走台线路和出场顺序的熟练，还要熟悉走台音乐的感觉和变化。这是演出排练的主要内容，模特走台中的大部分问题都要在排练中解决。

2. 演出舞台的排练

无论在模拟舞台的排练中收到多么好的效果，正式舞台上的排练都是必不可少的。演出舞台的排练需要检验模拟舞台排练的效果，还要确定灯光位置。另外，编导还需注意模特换衣服的时间，这时花费的时间将和正式演出的时间几乎相同。

应该说，不同的排练地点应该着重解决不同的问题，非演出地点应该解决技术问题，演出地点应该着重解决配合问题。另外，让模特在实际场地的操练能缓解模特的紧张情绪，减少正式演出的错误概率。

三、排练的类型

排练的类型可以分为普通排练、彩排和联排。

1. 普通排练

普通排练开始的时间多在演出前半个月或十天左右，依照演出规模和难度来确定。地点一般在非演出场地。通常要有模特、编导、服装和表演音乐到位，模特前期可以手拿服装流动位置或固定造型。编导主要考察模特的流动有无错误，出场衔接流畅度、动作设计合理性、表演的风格把握和情绪正确设置，还有表演和音乐的配合等环节。

2. 彩排

彩排的时间多定在演出的前一天，地点在演出场地。通常参与演出的各个部门都应到位，模特要穿服装表演。作为编导彩排时应该在整体环境下考虑各个演出环节设计的合理性，随时调整、随时检验新的构想是否更加完美，彩排可能强度较大，比较耗时，可能会经历多轮，最后一轮彩排的结束意味着演出方案正式确定，不再更改。

3. 联排

联排一般时间定在演出当天的早些时候，地点在演出场地，参与演出的各个部门到位，模特要带妆表演。联排应该和正式演出一样对待，中间不得停顿，各部门应保证默契配合不出错误。联排不可设置大强度，一般过一遍即可，确保演职人员的精力、体力可完成正式演出。编导原则上不应对演出再做调整，只需考察部门间的配合情况即可。对联排中出现的问题应找相关部门提出，并在正式演出时重点把控。

上述排练的要素之间的关系可以用表 8-2 明确。

表 8-2

排练类型	排练时间	排练地点	排练频次	参与部门	是否带妆	拟解决的主要问题
普通排练	演出前 10~15 天开始	非演出舞台	多次	模特、编导、设计师	否	表演技术类问题
彩排	演出前 1~2 天	演出舞台	多次	所有部门	是（至少一次）	整体效果问题、部门熟悉场地与配合问题
联排	演出当天	演出舞台	1~2 次	所有部门	是	考察演出效果

四、排练的重要性

排练的重要性不言而喻，它是演出质量的保证，其重要意义体现在以下几方面。

（1）排练是编导对于演出的构想一步步现实化的过程。在这个过程中，编导要审视自己当初的构想是否有不合理之处，是否可行，这是一个自我修正的过程。

（2）排练是模特们熟悉演出流程的过程，包括走台的线路、位置、整体造型和配合等。它也是模特实现自我调整的过程，服装不合适，表演风格不合适，表演动作不合理等都可以在排练中不断调整和完善。

（3）排练可实现各部门间的熟练配合。各个部门通过排练彼此熟悉，相互配合，实现流畅的演出效果。

第二节　模特表演动作设计

作为服装表演编导应该能识别模特走台动作在风格和气质表达上的寓意，监督模特使用正确、合适的舞台动作来表现服装，对模特不合理的动作应给予纠正，并给出正确的建议。

模特的表演动作应根据服装类型和风格的不同来区别设计，原则上要符合服装风格的诉求，按照服装的内涵和款式特点来确定表演细节。下面将服装按照风格进行划分，分别列举出对应的模特表演动作设计，见表 8-3、图 8-1~ 图 8-4。

表 8-3

服装风格	动作设计
礼服 （旗袍、晚装类）	优雅、成熟。动作要柔和、缓慢、慵懒。走台动作应以慢速的提胯划大步为主，配合细腻的面部刻画和虚步的造型和上步或四步的转身动作
活力装 （活力休闲装、运动装、泳装）	活泼、动感。动作要有力度、幅度大、轻快、敏捷。走台动作可做轻松的小跳跃步、踮脚或勾脚步，还可配合适当的运动造型动作设计
休闲装 （职业休闲装、家居休闲装）	轻松、惬意。动作要悠闲自在、随意。走台动作可采用较随意的小碎步伐，分脚正步或小踏步的造型，加上退步或抽步转身
职业装 （职业套装、西装）	自信、沉稳。动作要正规、大方。走台可用较大跨度的步伐，坚定的节奏，较硬朗的身体线条，中等行进速度，丁字步造型，上步或一步转身

图 8-1

图 8-2

图 8-3

图 8-4

第三节　模特的流动线路设计

服装表演编导要为每个模特的每套服装设计舞台流动路线，也要为一组模特设计舞台流动路线。因此，一场服装表演舞台上会呈现出非常复杂的模特流动线路，每一位模特需要熟知自己每一套服装出场的位置，流动的线路，造型、转身的位置，以及出场的时间，流动的速度等，为了让每一位模特都清晰地了解场上流动的细节，为每个模特准备线路示意图是一个行之有效的办法。示意图中出现的基本符号和意义可以表示如下。

一、符号示意

示意图中的符号应该明确区分性别、年龄和正背面，还要对模特进行编号，使每位模特可以对号入座，如图8-5所示。

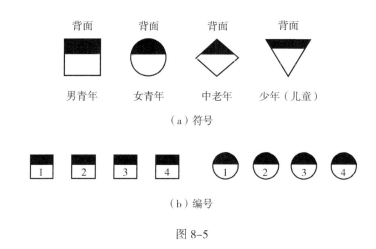

图 8-5

二、运动示意

运动路线可以用直线或曲线表示，在此基础上可用实线表明已经完成的线路，用虚线表明计划完成的线路，如图8-6所示。

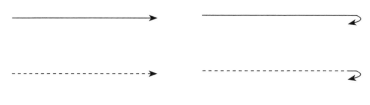

图 8-6

对于模特的旋转方向也可以用示意图表示，如图8-7所示。

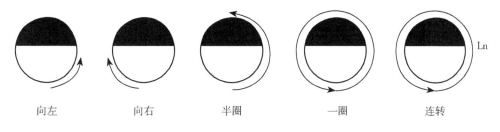

| 向左 | 向右 | 半圈 | 一圈 | 连转 |

图 8-7

三、出场方式

模特的出场有两种方式，一种是"one by one"式，也就是按照顺序一个一个地出场；还有一种是多人一起出场，下面分别介绍两种出场方式常用的流动线路，依然采用示意图表示。

1."one by one"式

这种形式可以保证某一套衣服在舞台上的停留时间，还可以延长演出时间，又因为舞台主体空间里没有同时出现的多个目标，所以观众注意力较易集中在这一套服装上，有利于细节展示。缺点是表现较为单调，如图 8-8、图 8-9 所示。

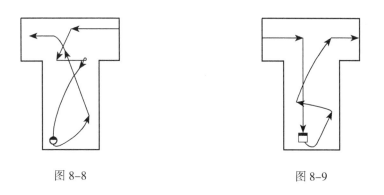

图 8-8   图 8-9

2.多人式

这种方式可以实现舞台上的多种变化，增加观看的维度，舞台表现层次丰富，气场强大，可以很好地烘托气氛，掀起表演高潮。缺点是视觉点较多，不易突出重点。

（1）两人，如图 8-10~ 图 8-13 所示。

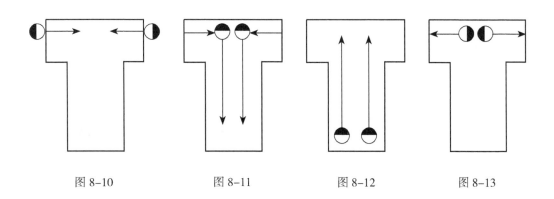

图 8-10   图 8-11   图 8-12   图 8-13

（2）三人，如图 8-14~ 图 8-17 所示。

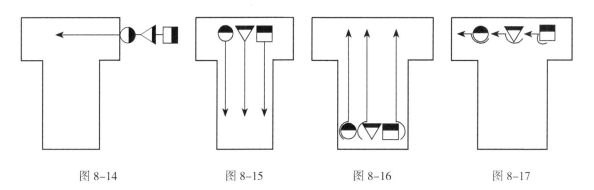

图 8-14　　　　　　图 8-15　　　　　　图 8-16　　　　　　图 8-17

（3）四人，如图 8-18~ 图 8-23 所示。

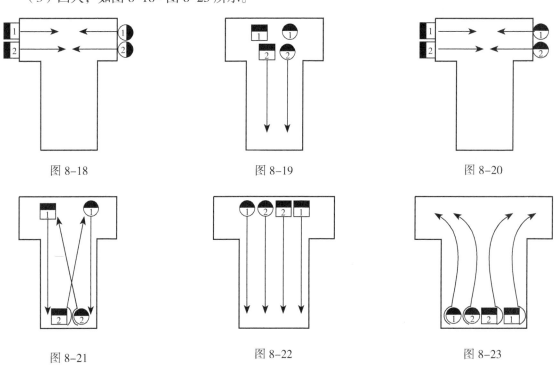

图 8-18　　　　　　图 8-19　　　　　　图 8-20

图 8-21　　　　　　图 8-22　　　　　　图 8-23

（4）七人，如图 8-24~ 图 8-29 所示。

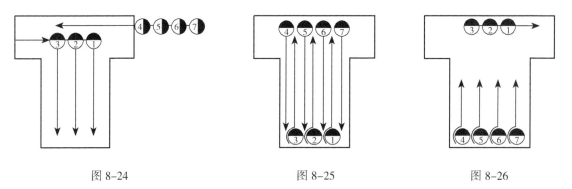

图 8-24　　　　　　图 8-25　　　　　　图 8-26

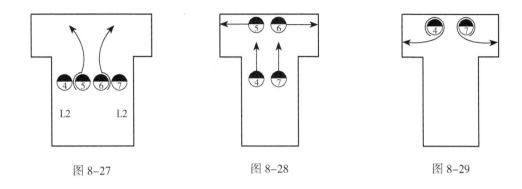

图 8-27　　　　　　　　图 8-28　　　　　　　　图 8-29

第四节　模特的整体造型设计

一、模特整体造型的意义

服装表演中经常需要让多位模特集体出现在舞台上，而他们在舞台上的分布和形态则需要设计并呈现出整体美感的表演效果，这时就需要编导对模特的造型进行整体设计。模特的整体出场和造型在服装表演中有特殊的意义。

首先，它可以使观众对同一系列的服装产生一个整体印象，这种印象进而会形成服装的文化印象和品牌的形象。在单人走秀的过程中，观众会更加注重服装的个体和细节，而一个系列或一组服装内部是有联系的，因为它们都来自于同一个设计理念，同一系列服装的整体造型在于可以让观众观察到一个灵感是如何变化而成为许多套不同的服装，进而对服装风格形成整体印象。

其次，它可以使观众和评委完成模特间的横向对比。集体出场，整体造型可以更方便地观察模特间的优劣，可以更清晰地进行横向比较。这在竞赛型服装表演中十分重要。

最后，它可以丰富舞台效果和观看感受。集体造型比个人展示的舞台效果更加震撼，更具有鼓舞性；个人展示和集体造型的结合还可以避免单调的观看感受，渲染出多层次的、复杂的舞台气氛。

二、模特整体造型的技巧

1. 巧妙利用空间

表演场地的整体空间都可以统筹考虑进行模特的整体造型设计。如果舞台空间大，则可以考虑较多模特的同时亮相，若空间大而模特人数又不多，则要拉大模特间的距离，要尽量使舞台看起来铺得满一些；舞台空间有限时，则要考虑模特在台上的错位站立，站成几排或者利用伸展台的长度，另外，台上台下都可以布置模特的造型位置，特别是观众席中的造型设计能达到出其不意的效果，使观众更具现场感，还可以营造出惊喜的气氛（图8-30、图8-31）。

图 8-30

图 8-31

2. 巧妙运用模特

可以适当考虑模特中有特殊技能的人承担复杂的造型动作，如可以为有舞蹈功底的模特打造舞蹈动作为主的造型；还要巧妙运用男女模特的搭配，实现视觉上的平衡感或气质上的对比，如一个女模特和多个男模特的造型可以更好地反衬女性的柔美；另外，模特人数也是造型设计的考虑因素，要为下一组服装的出场留出至少两名模特，这样不至于出现表演中断的情况（图 8-32）。

图 8-32

3. 巧妙结合舞台

有时候舞台上会有一些道具和布景，整体造型时要充分利用这些已有的条件。舞台上的台阶可以实现立体空间的落差，是造型可利用的优势；舞台背景可以为整体造型提供思路，如写字楼办公室的背景前可以设计都市职业装的工作场景的造型，舞台上的柱子或台子可以用来设计曲线的造型或错落层次的造型（图 8-33）。

图 8-33

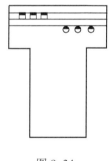

图 8-34

三、模特整体造型的类型

1. 直线型

直线型的造型又可以分为横向和纵向两类。横向造型是一般几名模特在舞台上一字排开，这样的造型可以使正面的观众获得最好的观看视角；纵向造型是在伸展台上完成队列顺序的造型，与台两侧的观众距离近。直线型的造型容易产生横向比较，无视觉盲点。给人感觉平稳、对称、大气，有压迫感，如图 8-34 所示。

2. 斜线型

在舞台上让模特站呈对角线的斜线。这种造型建议在有横向台阶的舞台上使用，否则和直线型的区别不大。在有台阶的舞台上使用则可以通过斜线实现从高到低的流动感，使造型更具韵律，有轻微的不对称感，可以克服舞台的单调感，具有一定的张力，如图 8-35、图 8-36 所示。

3. 曲线型

在舞台上站成规则的曲线。曲线造型更容易使人柔化视觉体验，适合那些线条柔和、曲线和褶皱明显的服装，而且曲线的流动感更加强烈，是一种蕴藏了许多变化的秩序，可以实现多种舞台造型的结合。另外,曲线容易在舞台上产生视觉盲点,这一点应引起注意,如图 8-37所示。

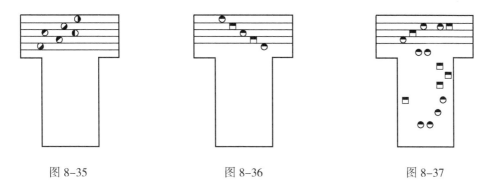

图 8-35　　　　　　　　　　图 8-36　　　　　　　　　　图 8-37

4. 折线型

折线造型就是线条的变化用直接的拐角来处理，不作柔化处理。这是一种硬朗的造型设计，能带来生硬、坚毅的感受，顶端锐角的作用可以突出重点，集中观众视线。折线造型也容易出现视觉盲点。如图 8-38、图 8-39 所示。

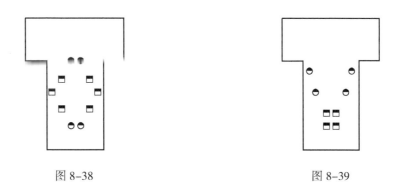

图 8-38　　　　　　　　　　　　　　图 8-39

5. 对称型

以舞台的中线为基准，两边实现对称的造型。对称造型是迎合人们视觉习惯的造型，左右前后的对称可以在视觉上产生平衡感，给人稳重、庄严、恢弘的感觉，是舞台上常常使用的造型方法，如图 8-40~ 图 8-42 所示。

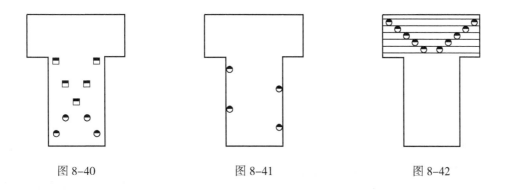

图 8-40　　　　　　　　　　图 8-41　　　　　　　　　　图 8-42

6. 不规则型

不规则造型就是要故意打破造型的规律，如对称的规律，曲线的曲率等，产生有悖于习惯的视觉冲击力，它往往能起到产生强烈对比的作用，使用得当能给人耳目一新、眼前一亮的感觉，如图 8-43 所示。

7. 规律型

舞台造型基于某种易于识别的规律。例如，男女穿插的规律，人数公式化递增、递减的规律，队形错落尺寸的规律等，这种舞台造型形式较为活泼、有一种规律美同时又具有随意美，整齐中富有变化，随和中蕴藏纪律，如图 8-44 所示。

8. 符号型

舞台造型基于模仿某种符号来设计。符号可以是数字、LOGO、字母等。一般这样的设计往往是符号本身具有某种重要的象征意义，服装表演的舞台上造型的符号原型不能太复杂这是其一，另外因为观看环境的限制，这样的造型必须要配合现场上方机位的摄像和投影设备才能为人所清晰地感知这是其二，使用时要考虑这些因素，如图 8-45 所示。

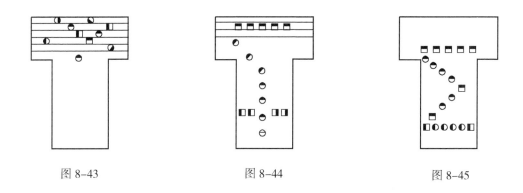

图 8-43   图 8-44   图 8-45

第五节　正式演出中编导的工作

作为服装表演编导，正式演出的时刻才是真正令人激动的时刻，因为向大家展示你工作成果的时候到了。如果前期的各项工作都完成得比较顺利的话，此时的编导应该不再有繁重的工作任务了，取而代之的是较为紧张忐忑的心情，但这并不意味着演出过程中编导可以当一名真正的观众，实际上编导在演出过程中依然有一些重要的工作要完成。

一、领导协调工作

编导在演出过程中首要的任务就是领导协调各个演出部门的工作。编导应该通过无线电对讲机来实现对演出现场全方位的控制。根据演出进度向各个部门发出指令，实现部门间流畅的配合。

二、对模特的控制

演出过程中编导要尤其注意对模特的控制，对模特的控制可以通过联系舞台后台监督来实现。实际演出过程中，个别模特容易因为紧张而出现忘记走台线路和造型位置，缺乏舞台表现力等问题，还会出现走台速度上的临时快慢变化。编导在台下要及时捕捉台上模特的表演缺陷，通过后台监督将要求传递给具体的模特，帮助模特调整好下一次出场的状态，及时修正演出问题，保证演出质量。

三、对灯光和音响的控制

此时的灯光和音响工作人员应该已经经过多轮的排练对负责的工作任务十分熟悉了。但是依然有出错的可能，编导应该在音乐和灯光变化的重要节点上事先通知好工作人员，提醒其注意舞台进度，适时对灯光音乐进行调整。

在演出过程中编导要像大海中的舵手一样为演出保驾护航，适时提醒各个部门避免出错，及时发现问题并在第一时间修正，保证演出的顺利进行直到结束。到演出结束的那一刻，编导悬着的心终于可以落地了。

编导还应该认识到：演出的效果要靠高质量的排练来保证，演出现场的控制作用始终是有限的。

第六节　演出结束后编导的工作

演出结束后编导还有一些善后的工作要处理，作为编导要确保所有工作完成才能离开演出现场。

一、演职人员离场

按照计划，演职人员快速换装，有序离场。编导应该事先安排好离场人员的车辆配置，在工作人员的安排引导下实现演职人员的有序离场。

二、演出设备撤离

监督演出设备拆装离场。安排工作人员拆装音响和灯光等器材，仔细清点，确认无误才可撤离演出现场。部分设备如搭建的活动舞台等可能需要第二天拆分撤场，应做好具体的安排工作。

三、清点演出服装

服装表演编导最重要的工作是要仔细清点服装饰物的数量和检查这些物品的质量。确认无误后交还给服装供应方。

服装表演编导负责的和排练、演出相关的工作至此就告一段落。我们现在知道，为了最终呈现出一台成功的表演，编导需要付出艰辛的智力和体力劳动，期间各个部门的团队协作也至关重要，如果最后观众反馈的基本都是正面的信息，那么就是作为编导的最大成功，这也是极具成就感的一件事，编导们都会很享受这种感觉，这也是身为一名服装表演编导的最大乐趣之所在。

思考题

1. 承接上一章练习1，以8人为一组，完成"N° 5"品牌时装发布会的演出设计，并最终展示舞台呈现的效果。

2. 创新一套舞台流动路线设计及舞台整体造型设计，说明创意的创新点。

第九章　项目收尾

　　一个项目从接洽到准备实施，再到正式演出就算是完成了项目的主体工作，但是演出结束对于一个编导来说并不是意味着项目的结束，因为在演出结束之后，还有许多后续工作要完成，这一类的工作我们都归纳到本章来详细阐述。

　　项目的收尾阶段，编导还需完成经费结算、成果宣传、项目反馈、项目资料的收集整理工作。

第一节　经费结算与成果宣传

一、经费结算

当今社会有一个很重要的组织原则就是利益原则，利益可以驱使人力物力的合理配置，最终才可以圆满完成项目。在一场服装表演的活动中，涉及各个方面的利益问题，也就是酬劳问题。作为一名服装表演编导，一定要在这件事情上引起重视，因为酬劳是否足额、按时发放直接影响作为编导的业内形象以及口碑，甚至会影响以后的合作关系。

1. 及时发放

经费发放不可以拖沓，项目结束后编导就应该让主办方及时将经费进行结算，然后编导要及时按照预算将酬劳发放给参与演出的相关部门和人员。重要的是发放的及时性，如果过了很久不予发放酬劳，会引起演职人员的猜疑，这对编导本人的声誉而言是有一定损伤的。这种损伤会导致合作人员的流失，最终在之后的项目组织过程中会带来困难。

2. 足额发放

本书的前面讲到，在项目人员的组织过程中编导就已经针对酬劳的多少问题与各个项目参与人员达成口头或书面协议。项目结束以后，编导要按照当初协议的数额足额发放酬劳，数字上不得随意减少。

任何事情涉及经费都是比较微妙的，有时碍于情面很多事情不便讲得太直白。但是作为编导在这件事情上要有足够的认识，在财务上要处理细致，要多一点自律，本着诚信的原则为人处世，这也是为自己今后的发展开辟更广阔的天地。

二、成果宣传

在前面的章节中已经介绍了项目宣传的事宜，这里要介绍的依然是整个项目宣传计划中的一部分，也是很重要的部分，这就是项目的成果宣传。

成果宣传可以根据项目的规模、受众和预算来决定采用哪种传播形式，具体每一种形式在之前已有过介绍，这里讲的是成果宣传应该注重的内容。

无论在哪种媒体上做宣传，成果宣传都应该重点表达以下内容。

1. 公开项目的成果

例如，模特大赛项目，大赛上的获奖结果、选手信息等内容要对全社会公开发布；如果是发布会，则要将正式演出的经过作为成果展示出来，可以在电视或网络上发布，还可以在纸质媒体上发布文字的描述内容。

2. 总结项目的意义

项目的成功举办具有哪些意义，项目的亮点和创新之处在哪里，项目对服装行业及时尚产业或对品牌企业产生了什么样的作用，还有业界对项目的评价，受众对项目的评价等都要作为成果宣传的主要内容。

成果宣传的目的就是要扩大受众人数，进而使项目的影响力借助媒体的力量最大范围地扩大，也就是为项目造势。还可以延长项目的生命力，让更多的人从项目中得到想要的内容。这样的局面是项目发起方、承办方、编导和模特都希望看到的，对各方的利益都可以起到扩大的作用。

第二节 项目反馈与资料收集、归档

一、项目反馈

一个演出项目成功与否不是编导或者哪一个人说了算的。可能在演出当天编导会收到很多赞许恭维的评价，但你要是认为这些就是这场服装表演的全部评价那就错了。因为能走过来主动向你示好的人给予你的评价都一定是称赞，而表达不足之处的言论只会出现在没有你的场合。而对于编导来说那些有建设性意见的言辞恰恰是很有帮助的，一方面它可以让你知道你的演出有什么不足之处，让你对演出做出全面正确的评价；另一方面它让你在今后的项目中避免再出现类似的错误，对一名编导的不断提高和进步都是十分重要的。项目反馈可以来自三个方向，一是项目内部的反馈；二是项目发起方的反馈；三是受众的反馈。

1. 项目内部的反馈

这一类的反馈信息来自项目内部的各个部门或人员。如舞美团队、模特、灯光、音响制作团队、策划团队、后勤保证团队等。他们的反馈主要是解决这样一个方向的问题——项目的内部组织和协调。可以提出的问题有很多，这些问题来自编导想要了解的问题和观察到的现象。如项目团队间的协调和沟通是否存在障碍；项目准备时间是否足够；为什么会出现灯光的延迟，第二组系列的服装为什么出来的时间慢了等，了解这些问题的答案，发现其中哪些是不可抗的因素，哪些是可以改进的因素，在下一次项目中避免出现同样的问题。

2. 项目发起方的反馈

项目发起方一般是企业或者某个行业部门。这个方向上的反馈信息主要会集中在满意度上。应该说发起方就是编导的客户，让客户感到满意是编导的工作职责。

编导要在项目结束后的一段时间内进行客户走访——特别是企业客户，并认真听取他们的意见。他们的意见可能不会涉及专业知识的探讨，他们只关心效果，只要效果满意就好了。因此他们的意见可能集中在服装表演之外的地方，这些地方涉及编导策划的各个细枝末节。比如他们会认为观众席的设计上有某种缺陷，表演时长太短，舞台背景的字体在演出当天显得不太合适，重点服装的展示还不够有力度，解说词和表演内容没有一一对应等。作为编导应该做一部分解释工作，同时将这些问题进行整理，和演职人员共同探讨，寻找问题的原因，如果发现其中的一些问题是确实存在并且可以避免的，就将它们记录下来，在下一次策划或设计时不要再让它发生了。这对于编导来说是一个不断进步的过程。

3. 项目受众的反馈

项目的受众主要是接收到了项目信息的人群，他们可以是现场观众，可以是同行，也可以是媒体观众。他们的反馈信息构成比较复杂，如一般观众和同行所反馈的信息可能在专业性上有本质的区别。对于观众要重点了解他们是否感受到了服装想要表达的内容，对时尚文化是否形成了预期的认知，对品牌是否产生了某种程度的归属感或认同感。观众也许会告诉你他没有很好地理解某一处表演环节，那也许是表演设计上的缺陷；观众也许会反馈说灯光太刺眼或看不见舞台上某个区域的模特，那也许暴露的是灯光设计问题和舞台设计问题。那么如果是同行观众，除了上述这些问题以外，他们可能更关心编导应该思考的内容，这些问题可以提供多种解决思路，也是不错的交流和学习。如他们可能会告诉你舞台台型、音乐或灯光设计如何选择会更好，哪一件衣服换给某一位模特效果会更好，模特的走台线路换一种设计会更理想等，这些问题也许有的你根本没有考虑过，也许有的考虑过最终放弃了，这些都仅仅是供你参考的意见，把它们保留下来，可以丰富你下一次编导思考类似问题时的角度。

一名优秀的编导应该怀着谦虚谨慎的心态来完成项目反馈的工作，任何主观的排斥都是不利的，特别是对那些尖锐的批评要仔细考虑其隐藏的合理性；另外，编导还应该具有独立的艺术判断，不能盲目相信特别是来自权威的言论，更不能妄自菲薄。保持自己思考的独立性，是反馈环节中的一个重要原则。只有不卑不亢、独立思考、不排斥、不盲目的态度，才是一个理性的、应有的态度，才能使项目反馈真正起到作用，为下一次的进步打好基础。

二、项目资料的收集、整理和归档

一场服装表演从项目接洽到项目结束，期间会产生大量的有价值的资料，这些资料是各个方面的积累，一段时间下来你会发现收获颇丰。将这些资料收集并分类归档，是作为一名编导不可忽视的工作。其作用有两个方面，一是可以在资料的积累中获得灵感，总结不足，期待下一个项目的进步；二是可以在下一个项目的接洽和开展中创造便利，因为成功的案例资料可以使客户信服，广泛的社会资源可以帮助你更好地完成项目。涉及的资料可以分为以下几类。

1. 社交资料

成功地举办一场服装表演，编导会接触到各个方面的社会关系。这些关系有的来自于项目团体内部，比如模特、舞美、灯光、音乐等，保留这些社会关系的资料可以在今后实现快速有效的团队组织。这些关系中还有一部分来自于项目外部，如各级领导、企业方各级人员等等，这些社会关系对于编导来说是客户群的来源，也是日后活动便利性的来源。每一次的项目都会接触到许多的新老朋友，应该将这些社会关系资料仔细整理收集，只要还身处这个行业，你就会不时地需要这些资料。

2. 项目宣传资料

项目宣传资料包括项目的广告、新闻资料，还有项目的传单、节目单等。这些精心设计过的宣传资料可以为今后的策划提供范本，也是工作内容的一种积累，随着项目的增多，从这些资料中你就能看到自己的成长和进步。

3. 影像资料

影像资料包括项目过程中的照片和录像资料，在舞台搭建环节的照片，在模特面试和试装时的照片，在正式演出时的录像，都是十分珍贵的资料。模特的照片是编导下一次选择的依据，而正式演出的录像资料可以用作媒体宣传方面，这些资料的留存对编导个人而言也是很有意义的。

4.策划、设计文案和效果图

每一场服装表演的策划和设计文案编导都应该妥善保管。这些资料可以为今后的设计策划启发灵感，也可以作为相近项目的策划蓝本，可以节省工作强度，提高工作效率。效果图包括舞台台型、背景、灯光、观众席等设计的效果图，其作用与上述一致。

5.评价资料

评价资料来自于项目反馈过程中得到的资料，是来自第三方对项目的评价总结，如果有媒体的评价资料当然最好——它们是你项目成功的最好证明，这些资料可以客观全面地评估项目的效果和影响力，是项目评估的重要标准。这些资料的收集可以总结项目的优势，促进项目的不断改进，也可以作为项目接洽时的资质证明材料。

☞ 思考题

1. 为项目反馈设计一份表格，供反馈方填写，要求根据不同的反馈对象设置不同的调查内容，通过表格的填写可以收集到尽量全面的项目反馈信息。

2. 将本门课程中所有完成的练习内容归档，使之成为一个有体系的整体资料。

参考文献

[1] 肖彬,张舰.服装表演概论[M].北京：中国纺织出版社，2010.

[2] 周晓鸣.服装表演组织实务[M].上海：东华大学出版社，2010.

[3] 陈芸,胡迅.音乐在服装表演中的情态特征及其运用[J].浙江理工大学学报，2009，26(6):864.

[4] 徐艺,张梅,吴绡怡.论服装表演与服装设计的关系[J].科技创新导报,2009 (21):183.

[5] 朱焕良.服装表演策划与编导[M].北京：中国纺织出版社，2009.

[6] 关洁.服装表演组织与编导[M].北京：中国纺织出版社，2008.

[7] 张轶.论服装表演中舞台灯光的运用[J].艺术百家.2007(8):176.

[8] 张原.服装表演舞台设计的视觉表现形式[J].西安工程科技学院学报，2007，21(4):460.

[9] 尹敏.服装表演编排的几个要素[J].艺术百家.2008(8):216-217.

[10] 朱焕良,向虹云.服装表演编导与组织[M].北京：中国纺织出版社，2006.

[11] 徐青青.服装表演·策划·训练[M].北京：中国纺织出版社，2006.

[12] 包铭新.时装表演艺术[M].上海：东华大学出版社，2005.

[13] 朱迪思·C.埃弗雷特,克瑞斯特·K.斯旺森.服装表演导航[M].董清松,张玲,译.北京：中国纺织出版社，2003.

[14] 朱焕良.时装表演教程[M].北京：中国纺织出版社.2002.

[15] 皇甫菊含.时装表演教程[M].南京：江苏美术出版社，1999.

[16] 海洋.服装表演技能教程[M].北京：高等教育出版社，1998.